초등 학습력의 비밀

지은이 / **이진영**

현 전남 계산초등학교 교사. 광주교육대학교(초등교육 전공)를 거쳐 전남대학교교육대학원 상담심리학과를 졸업했다. 전라남도교육청 수업선도 교사로, 감정교육 연구대회 1등급을 수상(2016년)했다.지은 책으로 『사춘기들을 위한 감정놀이수업 1, 2, 3』, 『공부머리를 키우는 가족놀이 100』, 『초등 학습력의 비밀』이 있으며, 원격연수 〈놀이로 배우는 학교상담과 감정 수업〉의 강사로 활동하고 있다.

블로그 '사춘기와 함께 쓰는 교실이야기'(blog.naver.com/kocu)

그린이 / **공귀영**

'그림'을 아주 좋아하는 시각디자이너. 대학에서 커뮤니케이션 디자인을 전공하고 현재 회사에서 시각디자이너로 일하고 있다. 평소 시간이 날 때마다 드로잉을 하거나 그림을 보러 다닌다. 꾸준히 개인 작업과 전시 등을 하고 있으며 제품이나 도서에 그림을 그린다. 그림을 그린 책으로는 『전래동화 컬러링북』, 『열두 띠 동물 컬러링북』, 『초등 학습력의 비밀』 등이 있다.

초등 학습력의 비밀

초판 1쇄 발행 2020년 11월 30일

지은이 이진영
그린이 공귀영

펴낸이 이형세
펴낸곳 테크빌교육㈜
책임편집 이윤희 | **편집** 김희선 | **디자인** 어수미 | **제작** 제이오엘앤피
테크빌교육 출판 서울시 강남구 언주로 551, 5층 | **전화** (02)3442-7783 (142)

ISBN 979-11-6346-103-6 03590
책값은 뒤표지에 있습니다.

테크빌교육 채널에서 교육 정보와 다양한 영상 자료, 이벤트를 만나세요!

블로그 blog.naver.com/njoyschoolbooks   **페이스북** facebook.com/teacherville
티처빌 teacherville.co.kr   **키즈티처빌** kids.teacherville.co.kr
쌤동네 ssam.teacherville.co.kr   **티처몰** shop.teacherville.co.kr

엄마 도움 없이
공부 잘하는 아이,
뭐가 다른 걸까?

초등
학습력 의
비밀

이진영 지음 · **공귀영** 그림

테크빌교육

나의 고민을 세상 밖으로 꺼내준

동료 선생님들과 제자들,

사랑하는 아내 샛별이와 딸 봄이 공주에게

감사의 마음을 전합니다.

엄마 도움 없이 공부 잘하는 아이,
뭐가 다른 걸까?

 **온택트 학습의 시대,
초등 아이의 공부가 달라지다**

2020년 코로나19로 인한 온라인 개학, 그리고 이어진 전국 초중고 온라인 수업. 많은 학부모에게 그랬듯, 교사인 저에게도 난생처음 겪는 상황들이 속출했습니다. 등교수업에 비해 많은 시간과 열정을 쏟아 준비했지만 아이들의 신통치 않은 반응에 당황하기도 했고, 과제 제출은 고사하고 9시가 돼도 입장하지 않는 아이들, 잠옷 차림으로 조느라 카메라가 천장을 찍고 있는지도 모르는 아이들을 독려해가며 수업하느라 진땀을 빼야 했습니다. 심지어 며칠간 접속을 하지 않아 무슨 일이 있는 것은 아닌지 확인하기 위해 아이의 집을 찾아가기도 했습니다.

학부모님은 학부모님대로 걱정을 토로해왔습니다. "아이가 집에서 통 공부를 안 해서 걱정이에요. 회사 때문에 옆에서 봐줄 수도 없는데 어떻게 하죠? 이렇게 놀다 한 해가 갈까 봐 겁이 나요"라는 말씀에 난감해하며, 원격 수업 첫 학기는 그렇게 정신없이 지나갔습니다.

 ## 무엇이 학습 성취의 차이를 가져오는 걸까

그러던 어느 날, 저와 마찬가지로 초등 교사인 아내가 이런 이야기를 했습니다. "우리 반에 별이라는 애가 있어. 공부를 아주 잘하진 않는데, 내 말을 귀담아들을 줄 알고 스스로 할 일을 찾아서 하는 아이야. 쉽게 포기하지 않는 근성도 있고 자존감도 높아. 그래서인지 온라인, 오프라인 수업을 병행해나갈수록 이 아이가 눈에 띄는 거야. 이번 학기에는 성적이 엄청나게 향상된 거 있지."

별이에 대해 장황하게 이야기하는 아내의 모습에서 자랑스러워하는 마음이 느껴졌습니다. 그리고 아내는 다른 아이 이야기도 해주었습니다. "그런데 더 놀라운 것은, 상위권에 있던 달이가 중위권이었던 별이에게 밀렸다는 거야. 늘 뭐든 잘 해오던 달이가 요새는 출석 시간에도 늦고 과제도 깜빡하더라고. 처음에는 그렇지 않았는데."

처음에는 아내의 이야기를 남달리 생각하지 않았습니다. 하지만 별이에 대한 아내의 거듭된 칭찬으로 차츰 아이에게 관심을 갖게 되었습니다. 온라인 교실에 접속한 스무 명 남짓한 학생 중 유난히 빛나는 눈빛을 가지고 있고, 그 누구보다 수업에 집중한다는 아이. 아내에게 듣기로는 별이가 약한 과목이었던 수학 수업 후에는 주어진 과제를 해결하기 위해 몇 번이고 강의를 돌려볼 만큼 열정을 보였다고도 했습니다. 도대체 무엇이 별이를 그렇게 만들었는지 궁금했습니다.

 ## 실험과 보고서에서
실마리를 찾다

그러던 차에 온라인 수업 사례를 나누는 교육에 참여했습니다. 초등 교사들이 한데 모인 그 자리에서, 이번에 온라인 수업을 하면서 아이들의 학습과 성취에 대한 편견이 깨졌다는 둥 다양한 이야기가 쏟아졌습니다. 문득 온라인 수업에 잘 적응하지 못한 달이가 떠올랐습니다. 그리고 많은 선생님들의 이야기를 들으며, 코로나 상황에서 아이의 학습 성취를 이끌어내는 힘은 스스로 공부하는 힘, 즉 자기주도적 동기부여와 학습에 있지 않을까 생각했습니다. 저는 정확한 답을 찾기 위해 연구를 해보자 마음먹었습니다.

가장 먼저 한 일은 서가에 **빽빽**이 꽂혀 있는 교육학 서적을 꺼내 읽는 것이었습니다. 하지만 원론적인 이야기만 담긴 그곳에서 제가 원하는 구체적인 답을 찾기란 어려웠습니다. 그러기를 며칠. 답답한 마음에 집어든 책에서 매우 인상적인 내용을 보았습니다. 잔소리 없이 공부하게 하는 긍정적인 질투에 관한 실험, 그리고 숙제를 미루는 습관과 감정의 상관관계에 대한 실험이었습니다. 어수선한 책상에서는 집중력이 떨어진다는 내용의 심리실험도 있었습니다.

막연하게 그러려니 했던 것을 실제 실험을 통해 밝혀내는 과정을 보며, 신기함을 넘어 통쾌할 정도였습니다. 여기에 답이 있을지도 모른다는 생각에, 매일 밤 하나씩 학습심리 논문을 찾아 읽었습니다. 그렇게 보았던 심리학 논문이 산더미처럼 쌓여갈 즈음, 비로소 "그럴 수밖에 없었구나!" 하고 고개가 *끄덕여졌습니다.*

교사의 눈길과 손길이 잦지 않아도 별이가 놀라운 발전을 이어갈 수밖에 없었던 이유, 아이는 아직 완성되지 않았고 무한한 잠재력이 있기에 지금도 충분히 변화할 수 있다는 근거를 뒷받침하는 수많은 학자들의 연구를 접하면서 내내 기쁘고 즐거웠습니다. 그리고 논문에 숨겨진 학습력의 비밀을 코로나19로 아이의 학교생활과 학습(공부)에 고민이 많은 학부모님들과 공유하고 싶어졌습니다.

초등 아이
학습력의 4가지 비밀

초등 아이, 어떻게 하면 스스로 학습 의욕을 갖고 꾸준히 노력하며 공부할 수 있을까요? 궁금하다면 이 책에 소개된 100여 개의 심리실험에 귀 기울여보라 말씀드리고 싶습니다. 이 실험들은 크게 4가지 학습력, 즉 '초인지를 기르는 자기주도성', '집중력', '뇌과학과 공부 습관', '자존감'이 아이 공부에 어떤 영향을 끼치는지를 보여줍니다. 세계 유수의 석학들이 실험을 통해 말하는 '학습력의 비밀'을 이 책에서는 다음과 같이 구성했습니다.

1부는 잔소리 없이 아이를 책상으로 이끄는 노하우와 아이의 수준을 파악하고 부족한 부분을 채우는 초인지(메타인지)를 기르는 자기주도성의 비밀을 담고 있습니다. 2부는 공부하는 즐거움에 흠뻑 빠져 누가 업어가도 모를 집중력의 비밀을, 3부는 뇌과학 측면에서 올바른 공부 습관은 무엇이고 어떻게 만들어가야 하는지 알려줍니다. 마지막 4부는 크고 작은 실패에 굴하지 않고 다시 일어나 도전할 수 있는 용기인 자존감의 비밀을 이야기하며, 아이의 자존감을 높이는 방법을 제시하고 있습니다.

위기는 곧 기회라고 합니다. 지금 이 코로나 상황이 사랑하는 우리 아이의 공부 습관을 자기주도적으로 만들고 자존감을 높여, 결과적으로 학습 성취를 높일 수 가장 좋은 기회일 수 있습니다. 요즘 다시 새롭게 회자되는 말이 있습니다. "우리는 위기에 강한 민족"이라는 말입니다. 저는 코로나가 가져온 이 변화의 시기가 우리 아이들에게 더 좋은 교육을 할 수 있는 기회라고 봅니다. 아이의 교육 문제로 많이 힘들어하는 학부모님들과 선생님들 모두에게 이 책이 도움이 되길 바랍니다.
끝으로, 저의 고민을 세상 밖으로 꺼내준 아내와 동료 교사, 출판사 관계자 여러분에게 고마움을 전합니다.

2020년 11월
이진영 씀

자기
주도성의
비밀

Part
1

집중할수록 높아지는 학습력과 창의력

Part
2

집중력의
비밀

뇌과학이 알려주는 올바른 공부 습관

공부
습관의
비밀

Part

3

행복하고 똑똑한 아이를 위한 건강한 자존감

Part 4

자존감의
비밀

15

Part 1

자기주도성의 비밀

엄마 도움 없이도 공부를 잘하려면?

잔소리 없이 공부하게
할 수는 없을까
-긍정적인 질투의 힘-

01

열정과 노력의 중요성을 강조하기 위해 축구 선수 박지성과 발레리나 강수진의 발 사진을 수업 시간에 보여주었다. 아이들은 처음에는 매우 놀란 얼굴이었는데, 자극을 받아서인지 쉬는 시간에도 열심히 공부하는 모습을 보였다. 이것이 흔히 말하는 긍정적인 질투, 즉 선망의 힘일까?

긍정적인 질투는 학습 욕구를 자극한다.

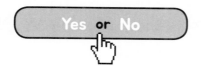

긍정적인 질투는 선망의 감정을 불러일으켜 아이들을 책상 앞
으로 이끈다.

르네상스 3대 거장은 다빈치, 미켈란젤로, 라파엘로다. 이들의 작품은
가치를 매길 수 없을뿐더러 가만히 보고 있자면 경이로울 지경이다. 그
런데 다방면에서 뛰어났던 천재 다빈치가 신예에 불과했던 미켈란젤로
에게 엄청난 질투심을 느껴서, 남은 생애를 우울하게 보냈다면 믿어지는
가?

이 이야기는 피렌체의 한 강당에서 시작된다. 피렌체의 정무를 담당하던
외교관은 새로 개관한 대회의장의 천장화를 당대 최고의 유명세를 자랑
하던 다빈치와 이제 막 이름을 알리기 시작한 미켈란젤로에게 그려달라
고 요청한다. 두 사람 모두 이내 작업에 매진했다. 다빈치는 명성에 걸맞
게 화려하고 기품이 있는 그림을 그려나갔다. 그리고 미켈란젤로는 화려
함보다는 마음을 파고드는 그림을 그려나갔다.

드디어 천장화가 완성되었다. 각기 다른 아름다움을 내뿜는 두 사람의
작품은 사람들의 감탄을 자아냈다. 그런데 점차 미켈란젤로를 칭찬하는
사람들의 소리가 많아지기 시작했다. 풋내기 미켈란젤로가 이미 천재의
반열에 올라선 다빈치와 견줄 만하다는 사실에 사람들이 놀란 것이다.
이 소식은 이내 다빈치의 귀에 들어가게 되고, 그는 자신이 월등하지 못
함에 좌절하여 남은 여생을 미켈란젤로를 질투하며 살았다고 한다.

그런데 네덜란드 틸뷔르흐대학의 판데펜(Van de Ven) 교수팀은 한발 더
나아가 "질투를 잘만 활용하면 나를 발전시키는 무기가 될 수 있다"고 말

한다. 그들이 주장하는 '삶의 원동력이 되는 긍정적인 질투'에 대해 살펴보도록 하자.[11]

연구팀은 질투가 개인의 발전에 어떠한 영향을 미치는지 알아보기 위해 학생 피험자 34명을 두 모둠으로 나눈 뒤, 각각 하나의 이야기를 들려줬다. 첫 번째 모둠은 모진 환경을 극복하고 과학자가 된 인생 역전 이야기를 들었다. '개천에서 용 난다'는 속담처럼 노력하면 현재의 환경을 바꿀 수 있다는 내용이었다. 두 번째 모둠은 유명한 과학자 아버지 밑에서 공부하고 자란 과학자의 이야기를 들었다. 노력보다는 환경이 중요하다는 뉘앙스를 풍긴 것이다. 그런 다음에 두 모둠 다 뛰어난 지적 능력을 바탕으로 권위 있는 대회에서 상을 받은 학교 선배의 이야기를 다룬 가짜 기사를 읽었다.

기사를 읽은 피험자는 현재의 감정을 1점부터 7점까지 표시해야 했다. 이때 제시된 감정은 선망, 감탄, 시샘의 총 세 가지였다. 얼핏 보면 세 가지 감정이 질투라는 테두리 안에서 큰 차이가 없어 보인다. 그러나 그 의미를 자세히 들여다보면 다르다.

우선 선망은 부러움의 감정에 더 가깝다. 남의 좋은 일을 보고 나도 그렇게 하고 싶다는 선한 동기가 포함되어 있다. 그런 까닭에 선망을 긍정적인 질투라고도 부른다. 하지만 시샘은 다르다. 시샘은 나보다 잘되거나 더 나은 사람을 미워하고 싫어하는 마음이기에 자신을 파괴하는 부정적인 질투에 해당한다. 그리고 감탄은 다른 사람의 행위나 업적을 존중하는 마음으로, 자신과 결부시키지 않기에 중립적이다.

개천에서 용이 난다는 이야기를 들은 첫 번째 모둠과 강남에서 용이 난다는 이야기를 들은 두 번째 모둠은 기사를 읽고 각각 어떤 감정을 느꼈을까?

참여자들이 느낀 감정은 각기 달랐다. 어떤 이는 우리 학교를 빛낸 선배를 자랑스러워하며 자신도 그랬으면 좋겠다는 선망의 감정을 보인 반면, 운이 좋아서 또는 이번 대회의 문제가 쉬워서였을 거라고 선배의 공을 깎아내리며 시샘을 드러내는 이도 있었다.

하지만 모둠의 특색은 분명히 갈렸다. 자신의 열정과 노력으로 세상을

(출처: N Van de Ven et al., 2011, 인용)

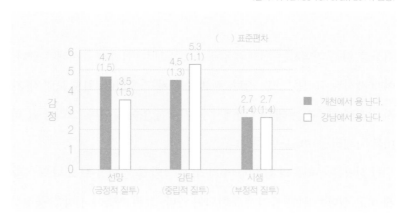

어려운 환경을 이겨내고 마침내 목표를 이룬 이야기를 들은 사람들은 타인의 성공을 진심으로 축하할 줄 알며, 자신 또한 그 반열에 올라서기 위해 노력하고자 하는 의지를 보였다.

바꿀 수 있다는 이야기를 들었던 첫 번째 모둠에서는 긍정적인 질투에 해당하는 선망이 높게 나왔다. 그다음은 감탄, 시샘 순이었다. 그리고 과학자 아버지 밑에서 자란 과학자 이야기를 들은 두 번째 모둠에서는 선배의 업적에 박수를 쳐주는 감탄이 압도적이었다.

연구진은 한 가지 실험을 더 했다. 사람들이 느끼는 감정에 따라 앞으로의 계획을 어떻게 수립하는지 알아보기로 한 것이다. 그들은 피험자들에게 연구의 목적을 숨긴 채 새로운 실험이 시작되었음을 알린 후, 다음 학기에 얼마나 많은 시간을 공부할 것인지 계획하도록 했다. 결과는 개천에서 용이 난다는 이야기를 들었던 첫 번째 모둠의 승리였다. 첫 번째 모둠에서만 공부 시간에 유의미한 변화가 있었다. 건강한 질투, 즉 선망이 학습의 욕구를 불러일으킨 것이다.

아이들을 책상 앞에 앉아 있게 하고 싶은가? 그럼, 우선 선망이라는 감정부터 불러일으켜야 한다. 건강한 질투를 부르는 두 가지 방법, 지금부터 알아보자.

건강한 질투 유발은 이렇게!

1. 우리의 뇌는 시샘(부정적 질투)과 선망(긍정적 질투) 중 어떤 것에 더 능할까? 싱어(Singer) 교수팀은, 아쉽게도 시샘의 손을 들어주었다.[21] 컴퓨터 게임을 하는 아이들의 뇌를 들여다본 결과, 상대가 돈을 잃었을 때는 쾌락을 담당하는 뇌 영역[ventral striatum]이 활성화되고, 돈을

땄을 때는 고통에 반응하는 뇌 영역[anterior cingulate cortex]이 반짝이는 것을 확인한 것이다. 사촌이 땅을 사면 배가 아픈 것이 사실임을 증명해낸 셈이다.

그럼 긍정적인 질투는 어떻게 불러일으킬 수 있을까? 판데펜 교수팀이 그랬던 것처럼, 공부 전에 힘든 유년 시절을 이겨내고 목표를 이룬 위인의 일대기나 우리나라를 빛낸 운동선수가 그 자리에 올라서기까지 품었던 열정과 노력이 담긴 영상을 보여주는 것을 추천한다. 누가 아는가, 나와 지금 내 옆에 있는 아이가 사람들에게 꿈과 희망을 선사할 또 다른 영상의 주인공이 될지?

2. 아이들은 자기 능력을 끊임없이 확인하고 싶어 한다. 하지만 절대적인 기준이 없기에 또래를 기준으로 사회적 비교를 하게 된다.[3] 이러한 사회적 비교에는 나보다 못한 사람을 기준으로 삼는 하향비교, 비슷한 능력을 가진 사람을 기준으로 삼아서 파악하려는 유사비교, 나보다 나은 사람을 대상으로 하는 상향비교가 있다.

그런데 상향비교를 자주 하는 아이들은 정도가 심할 경우, 자책을 느껴 낮은 자아존중감을 형성할 수 있다는 문제점이 있다. 이는 긍정적인 질투를 일으킨다는 목적 아래 이뤄지는 비교가 아이들에게 얼마나 폭력적이고 부정적인지 알려준다.

선망은 친구와 자신을 비교할 때 일어나는 것이 아니라 자신을 사랑할 때 비로소 가능한 것임을 잊지 말자.

숙제는 왜 미루고 싶을까

-공부 욕구를 높이는 방법-

02

지후는 원래 숙제를 잘 하는 아이다. 그런데 요즘 어떤 이유에서인지 통 숙제를 하지 않는다. 조심스럽게 아이를 불러 이야기해보니, 이런저런 이유로 숙제를 미루다가 결국 까맣게 잊어버린다는 사실을 알게 되었다. 우리 지후, 무슨 문제가 있는 것은 아니겠지?

숙제를 미루는 아이, 심리적인 문제가 있다.

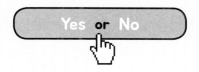

자기의 일을 미루는 사람은 불쾌한 감정에 놓여 있을 가능성이 크다.

상습적으로 숙제를 하지 않는 아이는 어디나 있다. 한두 번은 그렇다 쳐도 교사로서 매일 과제를 해오지 않은 아이를 보고 있자면 마음이 답답하기도 하고, 집안에 무슨 일이 있는 건 아닌지 오만 가지 생각이 들곤 한다.

숙제가 다음 날 수업과 연계된 사전 학습일 때는 더 문제다. 다른 아이들과의 공동 프로젝트 수업을 위한 숙제일 경우에는 더더욱 문제다. 여기서 끝이 아니다. 교사로서 중립을 지켜야 하건만, 때때로 숙제를 해오지 않는 아이에게 미운 마음이 들 때도 있다. 사랑하기에도 부족한 시간에 미워하는 마음마저 생기니 이쯤 되면 숙제가 아니라 원수다.

숙제를 하지 않는 이유를 파악하려면 아이들에게 숙제란 어떤 존재인지부터 알아야 한다. 사람은 누구나 즐겁고 신나는 것에 끌리는 반면 강요되고 해야 하는 의무감으로부터는 도망가고 싶어 한다. 즐겁고 긍정적인 감정은 추구하고 불쾌한 감정은 피하려는 인간의 본능이다. 그렇다면 숙제는 어떤 감정일까? 두 번 생각할 것도 없이 후자다. 숙제는 내가 원해서 주어진 것이 아니다. 더욱이 나보다 더 큰 권력을 쥐고 있는 어른이 시킨 것이기에 의무감을 가질 수밖에 없다. 즐기려야 즐길 수 없는 것이다. 미국 케이스웨스턴리저브대학교 바우마이스터(Baumeister) 교수팀도 숙제가 가진 불쾌라는 특성에 주목했다. 지금이 아닌 나중으로, 나중이

아닌 내일로 미루고 싶은 사람들의 심리를 '자유시간'이라는 실험을 통해 알아보자.[4]

바우마이스터 교수팀은 피험자 88명을 두 모둠으로 나눈 뒤 각각 하나의 이야기를 읽게 했다. 첫 번째 모둠이 읽은 이야기는 부정적인 내용으로 가득했다. 이를 읽은 피험자들은 미간을 찡그렸으며, 표정 또한 일그러졌다. 일부 피험자들은 불쾌했다고 응답했다. 두 번째 모둠은 매우 마음이 따뜻해지는 이야기를 읽었다. 두 모둠 모두 독서를 끝내고 나서 15분 뒤, 연구진은 수학과 관련된 지능 검사를 하겠다고 알렸다. 기분도 좋지 않은데 시험이라니, 첫 번째 모둠 사람들은 연구진이 참으로 야속했을 것이다. 피험자들이 해결해야 할 수학 문제는 주관식이었다. 너무 어렵지 않은 문제들로 구성되어 있었으며 피험자가 충분히 해결할 수 있는 수준이었다. 단, 피험자들에게는 난이도를 미리 알려주지 않았다. 문제의 수준을 너무 쉽게 생각하는 순간 시험 대비를 하지 않을 것을 염려했기 때문이다.

연구진은 시험에 앞서 피험자들에게 15분의 휴식 시간을 제공했다. 그러면서 잠시 뒤에 있을 시험을 준비하든지, 아니면 앞에 놓인 게임기나 퍼즐을 해도 된다고 말했다. 연구진은 자리를 비움으로써 피험자의 선택 자율성을 확보했다.

첫 번째 모둠과 두 번째 모둠은 각각 어떤 선택을 했을까? 한쪽에서만 볼 수 있는 거울을 통해 피험자들의 모습을 관찰한 결과, 두 번째 모둠원

(출처: RF Baumeister et al., 2001, 인용)

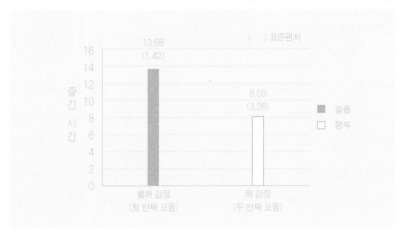

감정에 따른 지연 실험 결과: 부정적인 감정에 놓여 있는 사람일수록 현재의 기분을 나아지게 할 수 있는 것들에 더 많은 시간을 쏟는 것으로 나타났다.

은 평균 8.09분 동안 오락을 즐겼다. 전체 휴식 시간의 54% 정도를 즐거움에 투자한 것이다. 타인의 권유나 압박 없이 전체 시간의 반은 놀고 반은 시험을 준비했다. 첫 번째 모둠도 그랬을까? 놀랍게도, 첫 번째 모둠은 13.68분을 놀았다. 5.59분을 더 논 셈이다. 연구팀은 현재의 감정이 너무 불편하기에 시험 준비를 미룬 채 즐거운 감정을 불러일으키는 오락에 더 마음이 많이 간 결과라고 설명했다.

위의 실험을 통해 알 수 있는 사실 중 하나는 불쾌한 감정에 놓인 사람들은 부정적인 상태에서 빨리 벗어나기 위해 좋아하는 것부터 먼저 당겨서 한다는 것이다. 기분 나빠지는 이야기를 읽었던 첫 번째 모둠이 시험 준비를 팽개치고 눈앞의 즐거움을 추구했던 것처럼 말이다. 어떤 일을 미룬다는 것은 혐오 자극으로부터 자신을 지키고 기분 좋은 감정을 이어가기 위한 자기방어인 셈이다.

이제 숙제를 미루는 아이의 심리가 파악된다. 숙제는 아이에게 혐오 자극이자 지금 당장 해결해야 하는 의무이다. 초등 1학년 아이도 집에 돌아오자마자 가장 먼저 해야 하는 것이 숙제라는 것을 알 정도다. 그런데도 하지 않는다는 것은 현재의 기분 상태에 문제가 있을 수도 있음을 시사한다.

기분이 불쾌한 까닭은 정말 다양하다. 오늘 학교에서 안 좋은 일이 있었을 수도 있고 지난한 가족 문제로 스트레스를 받고 있을 수도 있다. 이유는 정말 다양할 수 있다. 분명한 것은 어디선가 정신적인 소모가 있다는 것이다. 아이가 숙제를 하는 날보다 미루는 날이 많은가? 그렇다면 교우 관계로 인한 불쾌한 감정을 느끼고 있지 않은지, 아니면 다른 심리적인 문제가 있는지 살펴보자. 만약 단순히 숙제를 차일피일 미루는 것이라면 잘못된 습관을 고쳐보자.

숙제를 미루는 습관은 이렇게!

1. 하교하면 숙제나 부모님께 보여드릴 안내장을 기억의 저편으로 던져 버리는 아이들에게는 메모가 특효약이다. 알림장을 작성하게 한 후 선생님, 그리고 부모님께 매일 확인받게 함으로써 그날 챙겨야 할 준비

물은 물론 숙제까지 잊지 않고 하게 할 수 있다.

2. 바우마이스터 교수팀의 추가 연구에 따르면, 쉬는 시간에 오락기 대신 오래된 잡지나 유치원 수준의 퍼즐같이 덜 매력적인 것을 제공했을 때 피험자들이 즐기기를 그만두고 이내 시험 준비에 착수했다고 한다. 지루함을 선택하기보다는 미래에 투자하기로 마음먹은 것이다. 학교, 학원을 전전하다 집에 돌아간 아이에게는 온통 유혹거리다. 리모컨 버튼 한 번이면 만날 수 있는 TV 속 연예인도 그렇고, 지난밤 졸린 눈을 비비며 읽다 만 만화책도 있다. 전부가 즐길거리인 셈이다. 숙제를 잊어버리는 것은 어쩌면 당연한 결과일지 모른다. 이런 유혹들을 이겨내고 숙제를 하기 위해서는 어른들과의 약속이 필요하다. 예컨대 집에 돌아오면 무조건 숙제부터 하도록 한다거나 일정한 시간을 정해 숙제를 하게 하는 것이다. 집에 도착해서 좋아하는 일을 하기 전까지가 숙제의 '골든타임'임을 잊지 말자.

3. 학부모가 아이에게 관심이 있고 매일 숙제를 할 시간을 줌에도 불구하고 미루는 행태가 반복된다면 지금 아이가 생활에 너무 지쳐서 할 엄두를 내지 못하는 것일 수도 있다. 활활 타버린 장작이 더는 뜨겁지 않듯 열정이 남아 있지 않기에 숙제를 하지 않는 것이다. 혹 아이가 매사에 기력이 없고 숙제도 하지 않는다면 번아웃 증후군에 시달리고 있지는 않은지 점검해야 할 것이다.

공부 스케줄은 어떻게 짜야 할까
-효과적인 공부 스케줄 만들기-

03

학습 시간표를 만들다 보면 철학, 역사와 같이 정적인 교과를 연속으로 배치할 것인지, 아니면 체육 같은 동적인 교과와 적절히 섞을 것인지를 두고 고민에 빠지게 된다. 아무래도 한 교과, 한 주제를 하루에 몰아 공부하는 편이 거기에 깊게 빠져들 수 있으니 더 효과적이지 않을까?

정적인 교과를 하루에 몰아서 공부하는 것이 더 효과적이다.

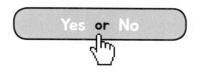

정적인 학습 앞뒤에 동적인 교과를 배치함으로써 기억률을 높일 수 있다.

학창 시절 나는 책상에 가만히 앉아서 들어야 하는 수업을 많이 힘들어했다. 선생님의 설명도 길거니와 외워야 할 것이 많았기 때문이다. 그런데 가르치는 사람이 된 지금도 이런 정적인 수업은 재미가 없고 힘들다. 그래서 조금이나마 재미있게 가르치기 위해 자료도 준비하고 교재 연구도 열심히 하지만, 막상 수업이 진행될수록 시간이 빨리 지나갔으면 하는 아이들의 바람이 눈빛으로 고스란히 전해질 땐 종종 힘이 빠지곤 한다.

그러던 어느 날 '현재의 학습 내용이 따분하다면 다음 공부는 야외나 그동안 경험하지 못한 곳에서 진행하는 것도 좋은 방법'이라는 팁을 얻게 되었다. 부에노스아이레스대학교 발라리니(Ballarini) 교수팀의 연구 내용에서였다. 학습 기억력과 함께 집중력까지 한번에 잡을 수 있는 묘책, 발라리니 교수팀의 '기억력 높여라' 실험을 살펴보자.[5]

발라리니 교수팀은 색다른 경험이 기억력 향상에 도움이 될 것이라는 가설을 증명하고자 아르헨티나 부에노스아이레스에 있는 8개 초등학교 1,676명의 아이를 실험 대상으로 섭외하였다. 아이들은 1학년부터 3학년까지 초등 저학년이었으며 우리나라 나이로는 9세 전후였다.

실험 방법은 간단했다. 교실에서 이야기를 들려준 후, 그 내용을 얼마나 기억하고 있는지 시험지에 적게 했다. 단, 이 기억력 테스트는 이야기를 들은 후 하루 지나 진행되었는데, 이는 장기기억에 얼마나 많은 양의 정보가 보관되었는지 확인하기 위함이었다.

연구진은 실험에 앞서 참여 아이들을 두 모둠으로 나눴다. 첫 번째 모둠은 이야기를 들은 후에 그 교실에서 평소와 다름없이 다음 수업을 이어 나갔고, 다른 모둠은 교실이 아닌 색다른 장소로 이동하여 처음의 학습과 전혀 다른 학습을 진행했다. 장소 이동 후 이루어진 수업은 실험을 통해 과학 원리를 터득하거나 다양한 생활 도구를 활용하여 음악을 만들어 보는 등 매우 활동적인 학습이었다. 두 모둠에서는 어떤 일들이 발생했을까?

연구팀은 두 모둠의 성적을 비교하기 위해 이야기의 굵직한 줄거리를 묻는 난이도 '하' 수준과 한두 번밖에 언급되지 않은 내용을 확인하는 난이도 '중' 수준, 아주 세세한 것들을 물어보는 난이도 '상' 수준으로 구성된 시험을 진행했다. 채점 결과, 몇 가지 흥미로운 사실을 발견할 수 있었다. 첫 번째는 정적인 학습 후에 활동적인 학습을 하자 기억률이 1.8배가량 높아졌다는 것이다. 특히 일반적인 성취를 보이는 아이들을 대상으로 치러진 사전 시험에서 20%의 정답률에 그쳤던 난이도 '상' 문제에서 더 높은 성취율을 보였다. 이는 색다른 경험이 이전에 학습한 내용을 온전히 자신의 것으로 만드는 데 일조한 결과라 할 수 있다.

두 번째는 색다른(활동적인) 학습은 빨리 투입할수록 좋다는 것이다. 색다른 경험을 학습 4시간 전, 1시간 전, 1시간 후, 4시간 후로 나눠서 투입한 결과, 1시간 전후에는 뚜렷한 기억 향상이 목격되었지만, 4시간 이

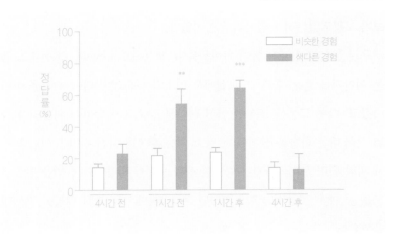

색다른 경험이 기억력에 미치는 영향을 실험한 결과. 정적인 학습에 이어 활동적인 경험(학습)을 하자 기억력이 두 배가량 높아졌다. 단. 활동적인 경험이 4시간 후에 이뤄지면 이전 학습에 대한 기억 효과가 없는 것으로 나타났다.

상 지연되었을 때는 유의미한 효과를 내지 못했다. 정적인 학습과 동적인 학습이 적절히 조화될 때 학습 효과가 높아진다는 것이 과학적으로 증명된 셈이다.

이러한 현상이 발생하는 이유를 알려면 먼저 장기기억 시스템에 대해 이해해야 한다. 일단 머릿속에 들어온 정보는 단기기억이란 곳에서 잠시 머문다. 여기서 선별작업을 통해 오랫동안 기억할 것들을 결정하는데, 이때 신경전달물질로 작용하는 도파민은 장기기억 보관에 필수적이다. 전기충격을 받은 쥐에게 도파민을 인위적으로 억제하자, 쥐가 전기충격

에 대한 기억을 잊고 전기가 흐르는 판에 다시 발을 갖다댔다는 실험이 이를 증명한다.[6]

그렇다면 색다른 경험이 장기기억을 높였다는 것은 어떻게 설명할 수 있을까? 연구팀은 뇌의 흥분과 관련이 있다고 말한다. 새로운 경험이 뇌를 흥분시켰고, 그 결과 분비가 촉진된 도파민이 장기기억 보관율을 높였다는 것이다.

발라리니 교수팀의 연구가 학습 시간표 작성에 던지는 시사점은 크게 두 가지다. 첫 번째는 정적인 학습 앞뒤에 동적인 학습이나 새로운 내용을 배치하는 것이 효과적이라는 사실이다. 단, 이것은 정적인 학습 전후 1시간 이내에 배치하는 것이 좋다.

두 번째는 하루 날 잡아 교과서의 한 파트를 파버리겠다는 생각을 버리라는 것이다. 시험을 대비하다 보면 언제 어떤 과목을 공부할 것인지 일정을 짜게 된다. 이때 지루하거나 어려운 과목을 하루 날 잡아서 쭉 공부하는 아이들이 있다. 앞서 실험에서 살펴보았듯, 이러한 전략은 성적 향상에 큰 도움이 되지 않는다. 동기부여와 기억력 측면에서도 이점이 하나도 없다. 그야말로 피해야 할 행동인 것이다.

결국 공부도 전략이다. 위의 시사점을 참고하여 공부 계획을 좀 더 효율적으로 세워보도록 하자.

기억력 향상은 이렇게!

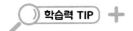

1. 발라리니 연구진은 아이들에게 정적인 수업 후에 이어서 진행될 체험 수업에 대해 미리 알려주었다. 그 결과, 전혀 예상치 못한 상태에서 체험 수업을 했던 모둠에 비해 시험 성적이 형편없었다. 심지어 교실에 가만히 앉아서 다음 수업을 받았던 모둠과 차이가 없을 정도였다. 이는 친숙한 것보다 낯설거나 새로운 것이 기억으로 잘 연결됨을 의미한다. 현재 공부한 것을 오랫동안 기억하고 싶다면 평소 즐겨 듣는 음악이 아닌 새로운 음악을 듣거나 기사를 찾아 읽어볼 것을 추천한다.

2. 기억력과 끈기, 이 두 단어는 별로 상관없어 보인다. 하지만 『1만 시간의 재발견』의 저자 안데르스 에릭슨(Ericsson)은 그렇지 않다고 말한다. 일반인과 육상선수를 대상으로 숫자 외우기 실험을 해본 결과, 20자리를 기억했던 일반인에 비해 운동선수는 자그마치 82자리를 암기했다는 것이다. 이는 육상선수가 기억력이 월등히 좋아서도 아니고 일반인이 숫자에 약해서도 아니다. 승부욕이 강했던 운동선수는 한계에 부딪혔을 때 두세 개의 숫자를 한 덩어리로 묶어 암기하기도 하고, 자신만의 방법으로 규칙을 찾아가는 기지를 발휘함으로써 불가능을 가능으로 만들었던 것이다. 에릭슨은 이 연구를 통해 기억력과 끈기는 매우 밀접한 관계에 놓여 있음을 주장했다.

공부를 하다 보면 기억력의 한계에 부딪히기도 한다. 이때 포기하는 것은 평생 그 자리를 맴도는 것밖에 안 된다. 불가능해 보일 때, 하기

싫을 때일수록 끈기를 가지고 도전하는 것은 짧은 기억력의 한계를 벗어나는 가장 현실적인 방법이자 가장 효과적인 방법이다.

3. 단순히 멍하게 있는 것만으로도 기억력이 증가한다는 듀어(Dewar) 교수팀의 재미있는 연구가 있다.[7] '플랫폼', '전문가', '햇빛' 같이 서로 상관없는 단어 15개를 외우게 한 뒤에 한 모둠은 아무 자극이 없는 방에서 10분간 쉬게 했고, 다른 한 모둠은 숨은그림찾기를 하게 하였다. 10분 뒤 암기했던 단어 15개를 떠올리게 했는데, 쉬기만 한 모둠의 단어 회상률이 숨은그림찾기를 한 모둠보다 15% 이상 높았다.

   이 실험은 공부를 하다 지치면 잠깐 머리를 비우는 것이 기억률 측면에서 도리어 도움이 된다는 사실을 보여준다. "힘들면 쉬라"는 지극히 당연한 말이 공부에도 똑같이 적용되는 것이다.

숙제는 많을수록 좋을까

-과도한 숙제의 덫-

04

숙제를 선호하는 편이다. 복습으로 모자란 부분을 채우거나 다음 학습에 필요한 것들을 차분히 생각해보는 시간을 가짐으로써 지적 발달을 돕기 위함이다. 더욱이 많은 가정이 맞벌이임을 고려했을 때, 숙제라도 없으면 부모님이 집에 없는 틈을 타 스마트폰이나 텔레비전에 몰두할 것이 뻔하기에 숙제는 많으면 많을수록 좋다고 생각한다.

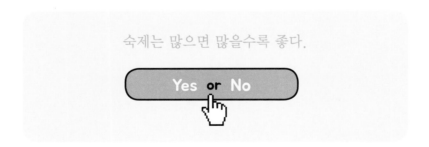

과다한 숙제는 도리어 스트레스를 유발하는 요인이 되므로 적
당한 수준이 좋다.

숙제에 대한 당신의 생각은 어떤가? 아이를 짓누르는 짐이라 생각하는
가, 아니면 스스로 공부 계획을 세우고 실천하는 것을 어려워하는 이들
에게 비추는 한 줄기 빛이라 생각하는가?

자녀가 있는 학부모라면 아마도 후자에 한 표를 던질 것이다. 숙제가 필
요한 지식과 정보 습득, 그리고 학업 성취에 도움이 될 것이라는 생각에
서 비롯된 결과다. 주위를 조금만 둘러봐도 숙제를 성실히 수행한 아이
가 성적이 높은 것은 물론 좋은 학교에 진학한 사례를 심심찮게 찾아볼
수 있다.

그렇다면 정말 이것이 모두 숙제에서 비롯된 결과일까? 샐리(Sallee) 교
수팀은 그렇지 않을 수도 있다고 말한다.[8] 많은 학교가 성적의 20~30%
정도를 과제 제출 여부에 할당하기에 숙제를 낸 학생이 성적이 높을 수
밖에 없는 구조라는 것이다. 이는 좋은 성적이 꼭 숙제의 순 효과라 볼
수 없음을 의미한다.

갤러웨이(Galloway) 교수팀도 여기에 동의하는 눈치다. '숙제의 명암'이라
는 연구를 통해 이를 낱낱이 파헤쳐보자.[9]

갤러웨이 교수팀의 연구에 동원된 학생들의 수는 자그마치 4천 명이 넘
었다. 갤러웨이의 연구 조사에 10개의 고등학교가 전폭적인 지원을 아끼
지 않았기에 가능했던 일이다. 그런데 여기서 잠깐! 대입이라는 중요한

일을 준비하기에도 바쁜 고등학교가 시간을 내어준 까닭은 무엇일까? 심지어 이 학교들은 미국에서도 내로라하는 명문고였다. 아마도 그 배경에는 이제껏 굳게 믿고 있었던 숙제 유용론이 사실이 아닐 수도 있다는 의구심이 깔려 있었을 것이다. 숙제가 가진 교육적 가치에 의문을 던지는 학자들도 한몫했다. 연구진이 이렇게 모인 피험자에게 총 다섯 가지의 질문을 던졌다.

첫 번째는 '과제 해결 시간'이었다. 아이들의 답변을 통계 내본 결과, 하루 평균 3.11시간을 숙제에 쏟는 것으로 드러났다. 이는 하루에 3시간 이상을 과제 해결에 쓴다는 다른 연구의 결과와도 일치한다.
그런데 놀라운 것은, 많은 교사가 1시간 이내에 해결할 수 있는 과제를 주었다고 생각하고 있다는 것이었다. 교사의 예상대로라면 실제 과제 해결 시간이 1시간 이내여야 하지 않겠는가. 연구팀은 하루에 여러 과목을 수강하는 현행 학업 구조상 이 과목 저 과목의 숙제가 쌓인 현상이라 말했다. '티끌이 모여 태산을 만든' 격이라는 것이다. 이 외에 특이한 점으로는 여학생이 남학생보다 더 많은 시간을 할애했다는 것이다.

두 번째는 숙제가 학습에 도움이 되는가, 즉 '숙제의 유용성'에 대한 질문이었다. 대부분의 학생이 수업 내용을 이해하는 데 도움이 되기에 빼먹지 않고 한다고 대답했다. 성적이 잘 나오길 바라는 마음에서 한다는 답변도 적지 않았다. 실제로 숙제를 성실히 해결한 아이가 집중도는 물론 어려운 과제가 제시되었을 때 더 많은 도전을 하는 것으로 나타났다. 여

(출처: M.Galloway et al., 2013. 인용)

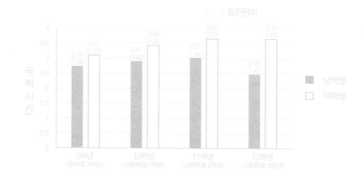

10개 고교 4,317명의 숙제 해결 시간 조사 결과, 하루 평균 3.11시간을 투자하는 것으로 나타났다. 특히 여학생이 남학생보다 더 많은 시간을 들였다.

기까지는 어른들이 생각과 일치했다. 그러나 숙제가 학습에 도움이 되었는지에 대한 답변은 가히 충격적이었다. 오직 6%만이 '매우 그렇다'라고 느낀 것이다. 나머지 94%의 학생은 숙제는 숙제일 뿐 학습과의 관련성을 찾지 못했거나 미약하다고 느꼈다.

세 번째는 '삶의 여유' 측면이다. 아이들은 온종일 배우는 데 열정과 시간을 쏟는다. 맡은 바 직분이 학생이니 당연해 보인다. 그러나 주말까지 그래야 한다면 어떨까? 이건 너무하다고 생각하지 않겠는가. 그런데 아이들은 그 어려운 일을 매번 수행 중이다. 가족이나 친구들과 시간을 보내며 재충전을 하고 싶지만 해결해야 할 과제가 많기에 그러기 쉽지 않은 것이다.

숙제가 자신들의 주말을 망치고 있다고 대답한 학생이 전체의 30%나 됐다. '월화수목금금금'이라는 우스갯소리가 학생들에게도 현실인 셈이다. 그래서일까, 아이들은 숙제를 학교생활의 제1의 ○○○○로 지목했다. (정답은 네 번째 질문에서 찾아보자.)

네 번째로 물은 것은 '현재의 삶을 위협하는 스트레스'였다. 이 질문은 다른 질문들과 달리 예시 없이 진행되었다. 예시가 제공되는 순간, 스트레스 요소에 대해 틀에 박히는 답을 내놓을까 염려한 탓이다. 그들의 답변을 서열화한 결과, 1위는 예상대로 숙제였다. 많은 학생들이 숙제만 생각하면 가슴이 답답하다고 했다. 숙제가 성적 향상에 도움이 되었다고 한 학생들마저 숙제는 학교생활을 힘들게 하는 가장 큰 요인이라 대답했다. 신체적, 정신적인 소모는 어디에서든 드러나는 법. 많은 학생들의 건강 상태가 엉망이었다. 우선 과도한 양의 숙제가 수면시간 침해라는 문제를 야기했다. 자정이 되기 전 잠자리에 들지 못하는 경우가 태반이었기에 만성피로를 호소하는 아이들이 많았다.

마지막은 '숙제에 대한 감정'이었다. 평소 숙제에 대해 생각하는 이미지를 종이에 적게 하자 '복제', '지루함', '헛된' 같은 부정적인 단어들이 쏟아졌다. 한 아이는 우리의 삶에 도움이 되지 않을 일에 너무 많은 시간을 쏟게 만든다며 볼멘소리를 냈다.
그럼 스트레스 덩어리인 숙제를 이토록 붙잡고 있는 까닭은 무엇일까?

앞서 밝혔던 바와 같이, 가장 큰 이유는 많은 학교의 성적 시스템이 과제 제출 여부를 반영하고 있어서다. 상위권 대학에 진학하기 위해서 울며 겨자 먹기로 한다는 것이다.

사실, 이 연구는 숙제가 가진 어두운 면을 밝히기 위해 시작된 것은 아니었다. '숙제의 명암'이라는 주제처럼 숙제가 가진 장단점을 제대로 파악함으로써 아이들의 발전을 도울 목적이었다. 실제로 주어진 과제를 성실히 해결한 아이들이 학교 공부와 수업에서 더 많은 참여율을 보이는 것으로 나타났다. 하지만 갤러웨이 교수팀은 연구를 진행할수록 학생들이 생각보다 많은 양의 숙제를 소화하고 있으며, 이 많은 양의 숙제가 진정 교육적 효과를 나타내고 있는지에 고개를 갸우뚱거릴 수밖에 없었다고 고백했다. 그리고 기존의 연구 제목 대신 '많은 양의 숙제가 가진 비학업성'이라는 주제로 연구 내용을 세상에 발표했다.

사람들에게 이 연구를 소개하는 것은 '숙제가 백해무익이므로 멈추라'는 의미가 아니다. '적정한 과제가 지적 발달을 돕는다'는 것에는 이견이 없다. 그러나 매일 몇 시간씩 매달려야 하는 과도한 숙제라면 이야기가 다르다. 개인의 발전을 도와야 할 숙제가 도리어 악영향을 미칠 수 있기 때문이다. 그러니 더 나은 방안을 찾기 위해 노력해야 하지 않겠는가.

갤러웨이의 말처럼 "아이가 많은 숙제로 허덕이고 있다면 과연 이것이 교육적으로 옳은 일인가?"라고 스스로에게 질문을 던져보아야 할 때이다.

아이를 성장시키는 숙제는 이렇게!

1. 쿠퍼(Cooper) 교수는 1987년부터 2003년까지 미국에서 진행된 숙제와 관련된 모든 연구를 살펴보고 이를 요약했다. 그에 따르면 아이를 성장시키는 숙제를 내주고 싶거든 그들의 삶에 도움이 됨을 강조해야 한다.[10] 숙제의 목적을 구체적으로 설명해줌으로써 지금의 노력이 헛되지 않음을 인지시키는 것이다. 아울러 제출 과제에 대해 '잘했다', '부족하다' 등으로 평가하기보다 이후에 이어지는 학습 내용으로 끌어들여 활용하는 것이 동기부여와 학습 내용 이해 측면 모두에서 낫다고 하니, 시도해보도록 하자.

2. 숙제 시간을 2시간 이하, 2.1~3.5시간 미만, 3.5시간 이상으로 나눠 아이들의 정서적, 신체적 반응을 측정해보았다. 그 결과, 하루 평균 3.5시간을 과제 해결에 쓰는 아이들이 학업 스트레스는 물론 두통, 식체, 체중 증가를 호소하는 경우가 높았다.[11]

   그럼 어느 정도의 과제가 적당할까? 쿠퍼 교수는 90분에서 2.5시간 사이에 해결할 수 있는 과제를 추천한다.[12] '숙제'의 의미처럼 복습이나 예습에 최소한의 시간을 투자하라는 것이다. 다만, 이것은 고등학생을 기준으로 책정한 숙제 시간이므로 중학생이라면 더 줄어야 할 것이다.

3. 상식적으로 생각했을 때 숙제에 열심인 아이들이 성적 또한 높아야 한다. 실제로 그랬다. 중간, 기말고사 결과 고등학생의 경우에는 69%,

중학생은 50% 더 높은 성적을 유지했다.[13] 단, 초등학생들에게서는 그 효과는 미미했다. 학습 방법을 체득하는 시기기에 혼자 공부하는 것이 그다지 효율적이지 못했던 것이다. 효율적인 공부습관과 학습력 모두를 잡고 싶은가? 그렇다면 숙제를 해결하는 자녀 옆에 앉아 그 모습을 지켜보고 조언해보자.

초인지(메타인지)는 왜 중요할까
-나의 공부 수준 파악하기-

<u>05</u>

기말고사 기간이다. 긴장감 넘치던 시험이 끝나자마자 한 아이가 교재를 펼치고 무언가를 확인한다. 표정이 금세 어두워진다. 아무래도 시험 중에 고민했던 문제가 틀린 모양이다. 문득 궁금해졌다. 시험에서 틀린 문제와 맞은 문제를 확인하는 저 아이의 성적이 상위권일까, 하위권일까?

시험에서 자신이 틀린 것과 맞춘 것을 정확히 아는
저 아이는 상위권일 것이다.

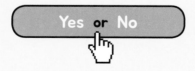

성적이 상위권일수록 초인지 능력이 높아 자신의 공부 수준을 구분할 수 있다.

그리스 철학자 소크라테스는 지식을 가르치기보다 질문과 대화를 통하여 아무것도 모르는 자신을 발견하도록 도왔다. 스스로 무지함을 깨달을 때 겸손해지고 무엇을 알고자 하는 욕구가 생기며, 이렇게 알아차린 보편적 진리를 통해 진정한 행복에 이를 수 있다고 믿었기 때문이다.

공부를 할 때도 나 자신을 아는 것은 꼭 필요하다. 이는 학습 성과 요인을 조사한 베엔만(Veenman) 교수의 연구만 살펴보아도 알 수 있다.[14] 지능과 초인지가 수학 성적에 미치는 영향을 알아본 결과 IQ는 25%에 그쳤지만, 초인지는 무려 40%나 되었다는 것이다. 인식에 대한 인식, 즉 내가 아는 것과 모르는 것을 인식함으로써 부족한 부분을 채우는 능력이 이토록 성적 향상에 큰 영향력을 행사한다니 놀랍다.

그럼 베엔만 교수의 말처럼, 상위권 아이들이 하위권보다 더 높은 초인지를 가졌을까? 코넬대학교 더닝(Dunning) 교수팀의 연구를 통해 알아보자.[15]

연구팀은 수준별 초인지 역량을 조사하기 위해 기말고사를 막 마친 학생들에게 오늘 치른 시험의 성적과 해당 과목의 숙달 정도를 100점 만점으로 평가할 것을 부탁했다. 그 결과, 성적이 낮을수록 자기 능력을 과대평가하는 사실을 발견했다. 특히 성적이 0~25%에 해당하는 최하위권 학생들에게 그런 경향이 두드러졌는데, 실제 등수가 88등임에도 불구하고 자신은 43등 정도는 될 것이며 과목 숙달도 또한 60점 정도라고 생각했다는 것이다. 원점수를 따졌을 때도 30%나 과대평가한 것을 보면, 하위권 아이들은 시험에서 맞은 것과 틀린 것을 제대로 구분하는 초인지 능력이 부족하다고 할 수 있다.

신기하게도 이러한 현상은 성적이 높을수록 사라졌다. 더닝 교수팀은 "상위권 학생일수록 자신의 수준을 정확히 파악하고 있어서 예상 점수와 실제 점수에 차이가 없었으며, 한계를 알고 있는 덕에 부족한 부분을 채워서 높은 성적을 유지할 수 있었다"고 설명했다.

(출처 : D Dunning et al., 2003, 인용)

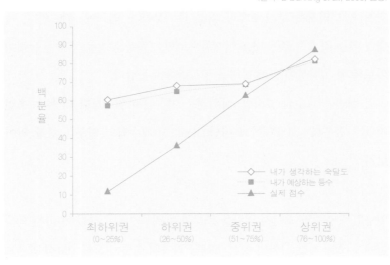

시험을 마친 후 하위권 아이들에게 예상 등수와 해당 과목 숙달 정도를 묻자, 실제 자신의 점수보다 훨씬 높게 예상하는 경우가 많았다. 이러한 현상은 상위권으로 갈수록 없어졌다.

왜 하위권 아이들은 자신의 실력을 과대평가하는 것일까? 첫째는 자기 수준을 정확하게 파악하는 초인지 능력이 부족해서다. 논리적인 추론 문제를 해결하게 한 뒤, 어떤 항목에서 옳게 답하고 또 틀렸는지 스스로 검사하게 하자, 검사 후 예상 점수와 실제 점수가 93% 정도로 비슷해졌다는 연구가 이를 뒷받침한다.[16] 자가점검이라는 초인지 전략을 사용한 것만으로도 자기 수준을 정확히 파악한 것이다.

그 원인은 뇌에서도 찾을 수 있다. 뇌의 단면을 잘라 맨눈으로 살펴보면 크게 회백질과 백질로 구분할 수 있다. 회백질은 말 그대로 잿빛인 부분으로 척수, 대뇌반구, 소뇌에서 관찰된다. 회백질에는 신경세포가 많이 모여 있다. 그럼 백질은 무엇일까? 이를 알려면 먼저 신경세포의 구조에 대해 알아야 한다. 신경세포는 핵이 있는 신경세포체와 정보를 받아들이는 수상돌기, 다른 신경세포로 신호를 전달하는 축삭으로 이루어져 있다. 수상돌기에서 받아들인 정보가 신경세포체로 이동하고 다시 축삭을 지나 다른 신경세포의 수상돌기로 전달된다.

이처럼 신경세포는 축삭을 통해 다른 세포에 정보를 전달하는데, 신경세포와 신경세포의 거리가 가까울 때는 전기적 신호를 주고받는 데 문제가 되지 않지만 서로 멀리 떨어져 있을 때는 축삭이 길어진다. 그런데 문제는 축삭이 길수록 전기 신호가 밖으로 누출되거나 전달 속도가 느려진다는 것이다. 이에 뇌에서는 축삭을 절연테이프처럼 얇은 막으로 여러 번 감싸주는 수초화 작업이 진행된다. 이때 수초화에 사용되는 물질이 미엘린이다. 미엘린은 백색 지방질 물질로, 이 미엘린 때문에 이들 신경세포가 있는 곳이 백색을 띠어서 백질이라고 부른다.

그럼 회백질과 백질 중 초인지와 관련된 부분은 어디일까? 바로 회백질이다. 플레밍(Fleming) 교수팀에 따르면 초인지가 높은 고등학생의 뇌를 fMRI로 살펴본 결과, 국어와 수학 같은 교과 성적이 높을수록 전전두엽의 회백질이 두꺼운 경향을 보였다.[17] 성적이 높은 아이들의 초인지 능력은 고차원의 사고 활동을 관장하는 전전두엽에 더 많은 신경세포가 존재하기 때문이기도 하다.

그러나 아직 좌절할 필요는 없다. 회백질의 양은 훈련으로 충분히 늘릴 수 있기 때문이다. 학습의 성패를 쥐고 있는 초인지를 높이고 싶다면 다음과 같이 해보자.

초인지를 높이고 싶다면 이렇게!

1. 첸(Chen) 교수팀은 학습 계획이 구체적일수록 성적 향상에 도움이 된다고 말한다.[18] 기말고사를 앞둔 대학생에게 이번 시험의 중요성과 얻고 싶은 성적, 그리고 어떤 공부 방법을 활용할 것인지를 세세하게 물었다. 그리고 이를 바탕으로 학습 계획을 수립하게 하자 그렇지 않은 모둠에 비해 성적은 높고 스트레스는 낮았음을 확인했다. 원하는 결과를 얻기 위해 계획을 세우고 주변을 통제하는 초인지가 발휘한 힘이라 할 수 있다.

2. 할 수 있는 것과 못하는 것을 구분하기 위해서는 학습의 과정과 결과

를 관리할 수 있는 자가점검 능력이 필요하다. 그러기 위해서는 스스로에게 질문하는 습관을 들이는 것이 좋다. 특히 공부 전에는 학습을 통해 배우고 싶은 것을, 공부 중에는 현재 학습한 것을 제대로 이해했는지를, 공부 후에는 학습한 것을 얼마나 알고 있으며 보충이 필요한 것은 없는지를 묻고 답하는 공책을 활용하면 더욱더 효과적이다.

3. 2014년 KBS의 한 프로그램에서 바너드대학 심리학과 교수이자 인지 분야의 권위자인 리사 손(Lisa Son)과 초인지의 중요성을 알리는 실험을 한 적이 있다. '사자−도라지' 같이 서로 상관없는 단어 쌍을 암기한 뒤 그 내용을 다시 한 번 살펴보게 한 '재학습' 모둠과 그에 관련된 문제를 스스로 내고 풀어본 '자체 시험' 모둠의 성적을 비교하는 실험이었다. 그 결과는 예상대로였다. 자기가 알고 있는 것과 모르는 것을 판단할 수 있는 자체 시험의 성적이 재학습보다 10점가량 높았다. 그런데 아이러니하게도 채점 전 몇 점을 받을 것 같냐는 질문에는 재학습 모둠이 높은 점수를 예상했다고 한다.

어쨌든 이 실험은 단순한 방식의 복습보다는 스스로 문제를 내고 풀어보는 것이 초인지 향상에 훨씬 도움이 됨을 의미한다.

연습만이 능사일까

-공부 효율과 재미를 모두 챙기는 방법-

<u>06</u>

어떤 일을 어그러뜨렸을 때 우리는 노력이 부족했다고 스스로를 다그치 곤 한다. 에디슨마저 "천재는 99%의 노력과 1%의 영감"으로 이뤄진다고 말했을 정도다. 정말 피나는 연습만 있다면 누구나 전문가 반열에 오를 수 있는 것일까?

전문가는 1%의 영감과 99%의 연습으로 만들어진다.

Yes or No

'1만 시간의 법칙'을 들어본 적이 있는가? 이것은 에릭슨(Ericsson)에 의해 알려진 법칙으로, 바이올리니스트의 연습 시간을 조사했더니 아마추어는 약 4,600시간에 머물렀지만, 최고 수준이라고 찬사를 받는 사람은 무려 1만 시간을 연습에 매진했다는 연구 조사에 기초한다.

에릭슨은 이러한 조사 결과를 바탕으로 한 분야의 전문가로 우뚝 서기 위해서는 1만 시간의 의식적인 연습이 뒤따라야 한다고 주장했다. 그의 논리는 이내 대중들에게 사랑받았다. 충분한 연습만 있다면 무엇이든 성취할 수 있다는 희망의 메시지를 가지고 있었기 때문이다. 그러나 사람들의 관심을 많이 받는 주장일수록 사실관계를 밝히고자 하는 사람이 늘어나는 법. 재능이 있는 사람의 경우에는 1만 시간이 필요치 않다는 반박 논문들이 쏟아지기 시작했다. 우리가 살펴볼 프린스턴대학교 맥나마라(Macnamara) 교수팀의 연구도 이와 맥락을 같이한다. 그들이 그렇게 주장하는 까닭을 '전문가의 조건'이라는 연구를 통해 살펴보자.[19]

연구진은 전체적인 성과에서 연습 시간이 차지하는 정도를 알아보기 위해 음악, 스포츠, 게임, 교육, 직업과 관련된 논문들을 모조리 모으기 시작했다. 이들 연구물을 분석함으로써 연습 시간과 성과의 상관관계를 보다 명확히 밝히기로 한 것이다. 이러한 방법을 메타분석이라 부르는데, 개별연구에 비해 표본 수가 기하급수적으로 늘어나 더 정확한 결론을 도출할 수 있다는 장점을 갖고 있다. 그렇게 모인 연구물은 총 9,331개였으며 심리학, 교육, 스포츠, 과학, 의학 분야 등으로 포괄적이었다. 이 중 연구 목적에 들어맞는 88개의 논문을 최종 선정하여 참여자들의 총 연습 시간, 주당 연습 시간 등 구체적인 데이터를 받았다. 음악과 게임 관련된 사람의 수는 각 1,300여 명이고 스포츠는 2,600여 명, 교육계는 5,600여 명, 본인 직업과 관련된 사람은 300여 명의 자료를 받았다. 각 사람이 이룬 성과에서 연습 시간이 차지하는 비율은 어땠을까?

연습만으로 모두 이룰 수 있다는 주장대로라면 전문가 반열에 올라선 사람들의 성공 비결 1순위는 단연 연습 시간이 되어야 한다. 그러나 그 결과는 가히 충격적이었다. 실제로 전문가 집단의 성취 요인에서 연습 시간이 차지하는 비율은 미미했기 때문이다. 그나마 연습 시간이 높은 비율을 차지했던 것은 게임 분야였다. 체스나 카드 등 게임계에 종사하는 사람들은 이제까지 이룬 전체적인 성과에서 연습 시간이 미치는 영향을 26%라 대답했다. 이 외에 음악계는 21%, 스포츠계는 18%, 교육계는 4%, 교육이 많이 필요한 전문 직업 분야에서는 1% 미만이었다. 연습은 성공의 요소 중 하나일 뿐, 그 이상도 그 이하도 아니었던 것이다.

어른들이 입에 달고 사는 말 중 하나는 '공부해라'다. 부족한 부분은 연습으로 충분히 채울 수 있다는 전제가 이미 머릿속에 자리하고 있어서다. 그래서일까, 성적표를 받아든 부모는 거의 대부분 낮은 성적의 원인을 '연습'에서 찾는다. 부족한 것은 실력이 아닌 '노력'이라며 다그치는 것

(출처: BN Macnamara et al., 2014. 인용)

게임　　음악　　스포츠　　교육　　직업

26%　21%　18%　4%　〈1%

74%　79%　82%　96%　〉90%

■ 전체적인 성과에서 연습 시간이 차지하는 부분
□ 연습 시간과 상관없는 부분

다양한 분야 전문가들의 성과에서 연습이 차지하는 비율: 게임계 26%, 음악계 21%, 스포츠계 18%, 교육계 4%, 전문 직업군 1%

이다. 그러나 맥나마라 교수팀의 연구 결과에서 알 수 있듯, 연습 시간이 교육 성과에 미치는 영향은 4%에 불과하다. 아이들이 수학이나 과학 같은 과목에서 맥을 못 추는 이유가 단지 연습이 부족해서가 아닐 수도 있다는 소리다. 그것보다 내가 가장 잘할 수 있는 것을 발견하고 그 분야의 전문가가 되기 위해 목적 지향적으로 연습하는 편이 먼 미래를 내다보았을 때 더 가치 있는 일로 보여진다. 그리고 실제로 오늘날 교육이 아이 각각의 재능과 속도에 맞춘 개별화, 맞춤화 교육을 지향하며 점점 그러한 방식으로 변화하고 있다는 점에도 주목할 만하다.

재능 발견은 이렇게!

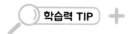
학습력 TIP

1. 어른들은 성적표에 예민하다. 점수가 실력이며 지능이라 여기고 있는

탓이다. 그러나 가드너(Gardner)는 그렇지 않다고 말한다.[20] 학교 공부를 잘하는 것이 꼭 모든 지능이 높음을 의미하는 것이 아니라는 것이다.

가드너는 그동안의 지능검사가 언어와 수학 같은 학문에 치우쳐 있음을 지적했다. 그리고 기존 IQ 측정에 활용된 언어 지능과 논리–수학 지능에 신체를 마음대로 다룰 수 있는 운동 지능, 소리에 민감한 음악 지능, 나를 이해하는 자기성찰 지능, 행동 이면에 깔린 감정을 빠르게 파악하고 대처하는 대인관계 지능, 자연과 교감하는 자연친화 지능, 철학적인 질문에 능한 실존 지능, 시각영역과 관련된 공간 지능을 추가하여 9가지 '다중지능이론'을 확립했다.

하늘 아래 같은 인간이 없고 타고난 특성 또한 다르다는, 어찌 보면 당연한 그의 이론에도 불구하고 우리는 아직까지도 성적은 곧 지능이라는 고정관념에 사로잡혀 있다. 내 아이의 재능을 발견하고 싶은가? 그렇다면 편견을 버리고 다양한 시각에서 아이의 지능을 바라보아야 할 것이다.

2. 유전학자 플로민(Plomin)은 아이의 재능을 부모에게서 찾는 것 또한 효과적이라 말한다.[21] 그는 11,117명의 쌍둥이를 대상으로 연구한 결과, 주요 교과 성적에 미치는 유전적 영향이 무려 58%에 달하는 것을 발견했다. 특히 언어는 52%, 수학은 55%, 과학은 58%나 됐다. 절대 무시할 수 없는 수치다. 더욱이 이러한 힘은 아래 세대로 내려갈수록 강력해진다. 복잡한 미로를 찾는 데 200번 넘게 헤맸던 선대 쥐들에

비해 후대 쥐들은 20번 만에 탈출했다는 맥두걸(McDougall)의 실험이 이를 증명한다.[22] 다만, 조심해야 할 점은 부모의 직업으로 아이의 재능을 판단해서는 안 된다는 것이다. 직업이 곧 재능을 의미하지는 않기 때문이다.

자기평가는 효과가 있을까

-학습 동기의 중요성-

07

수업과 관련된 다큐멘터리에서 한 학생이 스스로 자신의 배움에 점수를 매기는 장면을 목격했다. 평소 시험만으로 학업 성취도를 파악하는 나에게는 가히 놀라운 장면이었다. 그런데 한편으로는 '과연 아이들이 제대로 할 수 있을까? 부족한 점을 스스로 채우려 노력할까?' 하는 의문도 들었다. 내가 아이들의 능력을 너무 과소평가하는 것일까?

자기평가는 효과가 없을 것이다.

Yes or No

현재 나의 학습 수준을 파악해보는 자기평가는 내적 동기를
유발하여 나머지 학습을 돕는다.

'평가' 하면 어떤 것이 가장 먼저 떠오르는가? 아마도 시험일 것이다. 이
제까지의 평가계를 중간, 기말고사 같은 일제식 지필 평가가 꽉 잡고 있
다는 증거다. 그런데 잠깐! 지필 평가에서 50점을 맞은 아이의 배움은 절
반밖에 안 되고 100점을 맞은 아이의 배움은 만점이라고 할 수 있을까?
"그렇다"라고 답하는 사람은 시험이 가진 변수에 대해 고민해볼 필요가
있다. 시험의 기술을 주요하게 다루는 책이 있을 정도로 시험 점수에 영
향을 미치는 요소는 아주 많다. 수업 목표에는 도달한 아이도 시험이 주
는 압박감에 시달리거나 시간 관리 등의 기술이 부족하여 100점을 받지
못할 수도 있다. 지필 평가만으로 학습 수준을 평가하는 것에는 이처럼
한계가 있는 것이다.

문제는 여기서 끝이 아니다. 지금까지의 평가는 타인에 의해 좌우됐다.
공부한 것은 자신인데, 다른 이가 출제한 시험 문항과 기준을 바탕으로
배움의 정도를 측정한 것이다. 그렇다 보니 내가 아는 것은 무엇이고 모
르는 것은 무엇인지 정확하게 파악함으로써 부족한 것을 채우는 메타인
지 능력이 떨어질 수밖에 없다. 자기점검의 순기능을 상실한 것이다. 이
는 시험 이외의 다른 방식으로 아이들의 배움을 평가할 필요가 있음을
시사한다. 그나마 다행인 것은 학습 과정을 돌아보고 반성함으로써 발전
의 길을 모색하는 자기평가를 활용하는 학교와 기업이 늘고 있다는 것이

다. 자기평가의 필요성과 장점에 대해 캘리포니아대학교 그니지(Gneezy) 교수팀의 연구를 통해 알아보자.[23]

관광 명소에서 멋진 절경을 배경 삼아 아름다운 사진을 찍어주는 사진사를 본 적이 있을 것이다. 함께한 이들과 추억을 남기기 위해 부탁을 해볼까 하지만 사진 한 장에 몇만 원을 호가하는 높은 가격 때문에 망설여지곤 한다. 연구진은 이들에게 "얼마를 원해?"라고 단도직입적으로 묻는다. 도대체 얼마면 고민하지 않고 사겠느냐는 것이다. 연구진은 이를 알아보기 위해 50명 이상이 타는 크루즈 60개를 표적으로 삼았다. 사진사를 고용하여 크루즈 여행을 떠나는 이들의 설레는 표정을 사진에 담았다. 그리고 돌아오는 날 15달러에 판매할 것임을 알렸다. 단, 꼭 구매해야 하는 것은 아니며 개인의 선택에 달렸음을 강조하였다. 사도 그만, 안 사도 그만인 셈이다.

그로부터 7일 뒤, 연구진은 항구로 돌아온 크루즈 여행객을 대상으로 사진 판매를 시작했다. 이때 첫 번째 모둠에는 연구진이 사전에 이야기했던 대로 15달러를 받았고, 두 번째 모둠에는 10달러 할인하여 5달러에 판매했다. 그리고 마지막 세 번째 모둠에는 구매자 스스로 가치를 매긴 후 돈을 내게 했다. 단, 상대적 박탈감을 느끼지 않도록 다른 모둠이 얼마에 구매하는지는 비밀에 부쳤다. 가장 많이 구매한 모둠은 파격 할인을 진행한 두 번째 모둠이었다. 전체의 64% 정도가 사진을 구매했다. 저렴한 가격이 구매로 이어진 것으로 보인다. 그다음은 55%를 기록한 세 번째 모둠이다. 가격을 깎아준 두 번째 모둠보다는 9% 적은 수치였으나, 피험자들이 낸 평균 금액은 6.43달러로 할인된 5달러보다 높았다. 제값을 모두 내야 했던 첫 번째 모둠의 구매율은 23%에 그쳤다.

그럼 돈을 가장 많이 번 모둠은 어디일까? 놀랍게도 세 번째 모둠이었다. 가격을 고정하지 않은 것뿐인데 가장 많은 수익을 창출한 것이다. 사진 한 장에 6.43달러라는 금액이 적당해서 발생한 효과로만 볼 수는 없다. 높은 소득을 낸 구간이 10달러와 15달러였으니 말이다. 이는 사진의 가치를 돈으로 환산하는 동안 여행의 추억이 담긴 사진을 구매하고자 하는 욕구가 일어난 결과라 할 수 있다.

그니지 교수팀의 연구를 통해 알 수 있는 자기평가의 장점 중 한 가지는

(출처: A. Gneezy et al., 2012, 인용)

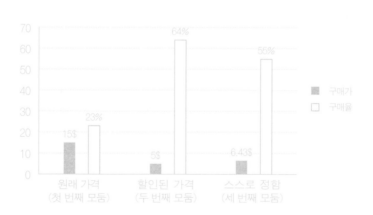

사진의 값어치를 스스로 매기게 하자. 원래 가격을 제시했을 때보다 더 많은 구매로 이어졌다. 수익 창출 면에서도 가장 이득이었다.

메타인지를 자극한다는 것이다. 첫 번째 모둠의 15달러와 두 번째 모둠의 5달러는 연구진이 정해놓은 값이다. 그렇다 보니 여행객들은 단순히 주어진 조건에 응할 것인지 말 것인지만 선택하면 됐다. 깊은 사고가 필요치 않았다. 그러나 세 번째 모둠은 달랐다. '구매'라는 눈앞에 닥친 일에서 한발 물러나, 사진사의 노력과 일주일간의 추억을 되새기며 나에게 사진이 얼마의 가치가 있는지를 고민했다. 그리고 나의 만족도와 연관을 지어 그 값이 적당한지 점검했다.

자기평가의 장점은 학습에서도 유효하다. 진정한 앎에 도달했는지 분석한 후 부족한 점을 채우고자 하는 학습 욕구까지 유발할 수 있으니 말이다. 메타인지와 내적 동기 유발에 효과적인 자기평가, 아직도 망설이는가? 자기주도학습을 도울 자기평가, 이렇게 해보는 것은 어떨까?

자기평가는 이렇게!

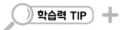

1. 처음부터 아이에게 자기점검 또는 자기평가에 대한 문항과 기준을 만들라고 하는 것은 마치 걷지도 못하는 아이에게 뛰라고 요구하는 것과 같다. 또한 자칫 거부감을 일으킬 수 있다. 자기평가가 부정적인 것도 어려운 것도 아니라는 사실을 스스로 깨닫게 하고, 또 자기평가에 익숙해지기 전까지는 교사나 학부모가 자기평가 항목과 기준을 제시해주는 것이 좋다. 수학처럼 아주 객관적인 평가가 아니어도 좋다. 예를 들어 '하루 한 가지 나에 대해 칭찬하기'처럼 쉽고 즐거운 자기평가부

터 시작할 수 있도록 해도 좋다.

또한 '도달', '미달' 같은 평가 기준을 잡을 때는 '도달'의 기준이 너무 높거나 낮지 않아야 한다. 너무 높은 평가 잣대는 아이들에게서 학습 욕구를 앗아가기에 피해야 한다. 너무 낮은 평가 잣대도 피해야 한다. 사진을 5달러로 판매했을 때를 떠올려보자. 판매율은 높았지만 실질 이득은 낮았다. 평가 기준이 너무 낮으면 아이가 아는 것과 모르는 것을 제대로 측정할 수 없기에 변별력이 낮아서 비효율적이다.

2. 자기평가를 처음 접하는 아이들이 자칫 범하기 쉬운 오류는 자신의 능력을 과대평가하는 것이다. 이는 크루거(Kruger) 교수팀의 연구에서도 여실히 드러난다.[24] 45명의 학생을 대상으로 논리적 사고 시험을 치른 뒤, 자신의 추론 역량과 석차를 예상해보라고 했다. 그 결과, 자신의 시험 결과가 평균 30~40% 이내에 해당할 것이라고 대답한 사람이 가장 많았다. 이러한 현상은 시험 성적이 안 좋은 아이들에게서 특히 두드러진다.

이는 자기평가 문항과 기준을 제시할 때, 보다 구체적일 필요가 있음을 시사한다. 만약 과학 공부에서라면 '지진의 원인을 안다'보다 '지진이 발생하는 원인을 두 가지 측면으로 친구에게 설명할 수 있다'가 본인의 실력을 확인하는 데 도움이 될 것이다.

3. 자기평가에 어느 정도 익숙해졌다면 평가의 기준과 항목을 아이 스스로 만들어보게 하는 것이 좋다. 이때 기록장을 활용할 것을 추천한다.

기록장에 자신의 학습 정도 또는 자신의 일상생활에서 '나'에 대한 평가를 하다 보면 아이의 학습, 학습 태도, 일상에서 훨씬 개선된 변화가 찾아올 것이다.

전교 1등만의
특별한 복습법이 있을까
-학습 효율을 극대화하는 복습 방법-

08

복습 방법으로 오답 노트를 선호하는 편이다. 틀린 것을 자주 봄으로써 같은 실수를 반복하지 않기 위해서다. 내일 우리 반 아이들에게도 이 방법을 알려줘야지!

틀린 것을 중심으로 복습하는 오답 노트는 효과적이다.

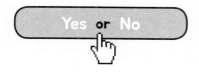

틀린 것 위주로 복습하는 오답 노트는 전체를 되새기는 방법
보다 장기기억 면에서 떨어진다.

(출처: H.Ebbinghaus, et al., 2013, 인용)

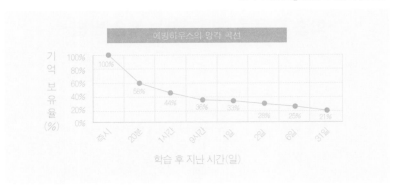

복습의 중요성을 강조할 때면 항상 등장하는 학자가 있다. 바로 기억의
흐름을 연구한 독일의 심리학자 에빙하우스(Ebbinghaus)다. 그의 연구에
따르면 인간은 새로운 정보를 받아들인 즉시 잊어버리기 시작하며, 1시
간 후에는 56%만 남고 하루 뒤에는 33%만 기억한다고 한다.[25] 그렇다면
어떻게 배운 내용을 잊어버리지 않고 오랫동안 기억할 수 있을까?『사이
언스』지에 실린 퍼듀대학교의 카피크(Karpicke) 교수팀은 돌다리도 두들
겨보고 건너면 된다고 말한다. 완전한 학습으로 이끄는 비법에 대해 그
의 연구를 통해 알아보도록 하자.[26]

카피크 교수팀은 사람마다 선호하는 복습 유형이 있다고 말한다. 첫 번
째는 아는 것도 다시 한 번 두드리며 점검하는 완벽형이다. 비록 알고 있
는 것일지라도 한 번이고 두 번이고 스스로 확인함으로써 온전히 자신의

것으로 만드는 아이가 여기에 속한다. 두 번째는 분석형이다. 오늘 수업 시간에 배운 내용을 머릿속으로 떠올린 후 잘 이해하지 못한 것들 위주로 공부하는 스타일이다. 두 유형 모두 복습 말미에 오늘 배운 내용 전체를 다시 한 번 찬찬히 살핀다는 점에서는 유사하나 완벽형은 전체를, 분석형은 틀린 것에 집중한다는 차이점을 보인다.

세 번째는 완벽형과 분석형을 합친 복합형이다. 알고 있는 것일지라도 다시 한 번 확인하고 복습한다는 점에서는 완벽형과 같으나 최종 점검할 때는 몰랐던 것을 중심으로 확인한다는 점에서는 차이를 보인다. 네 번째는 오답형이다. 오답형의 가장 큰 특징은 한번 틀린 것은 절대 틀리지 않아야 한다고 생각한다는 것이다. 이에 틀린 것 위주로 복습하고 최종 점검 때도 이들을 중심으로 확인한다. 오답 노트가 여기에 해당한다.

당신은 어떤 유형인가? 공부 스타일만큼 다양한 것이 복습법이기에 갈릴 것이다. 그럼 어떤 유형이 가장 효율적일까? 연구팀은 복습 방법에 따른 기억률을 알아보기 위해 익숙지 않은 40개의 스와힐리어를 선택하여 각각의 방법으로 대학생 피험자들에게 암기하게 했다. 각 모둠의 복습 방법은 다음과 같다.

복습 유형

완벽형: 암기→시험→전체 단어 복습→모든 단어 최종 점검
분석형: 암기→시험→틀린 것만 복습→모든 단어 최종 점검
복합형: 암기→시험→전체 단어 복습→모르는 것만 최종 점검
오답형: 암기→시험→틀린 것만 복습→모르는 것만 최종 점검

아무리 피험자가 명문대생일지라도 낯선 언어를 외우는 것은 그리 쉽지 않다. 그러나 복습을 거듭할수록 그들의 기억력은 높아져 갔고, 네 모둠 모두 4번 정도의 복습 과정을 거치자 100%에 가까운 암기력을 보였다. 이는 방법에 따른 시간적 차이는 없음을 의미한다. 연구진은 더 나아가 장기기억률을 알아보기로 했다. 1주일 뒤 최종 검사를 진행했다. 그 결과는 놀라웠다. 80%대의 정답률을 보인 완벽형과 분석형과 달리 복합형과 오답형은 30%대에 머물렀기 때문이다. 최종 점검 시 모든 단어를 확인했느냐 안 했느냐가 이렇게 큰 차이를 만들었다.

(출처: JD Karpicke, HL Roediger, 2008, 인용)

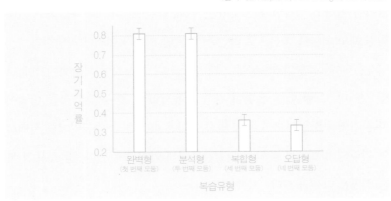

복습 방법에 따른 장기기억률: 복습 말미에 학습했던 것들을 다시 한 번 되새긴 완벽형과 분석형이 더 높은 것을 기억하는 것으로 나타났다.

이로써 완전 학습에 다가갈 수 있는 복습 방법은 비교적 확실해졌다. 공부한 내용을 되돌아볼 때, 학습한 전체를 대상으로 삼아도 되고 잘 이해가 가지 않는 부분 중심으로 살펴보아도 좋다. 단, 복합형과 오답형처럼 최종 점검 시 모르는 것만을 확인하는 습관은 버려야 한다. 더욱이 시험 기간이 많이 남아 있다면 말이다. 한 끗 차이가 이렇게 큰 차이를 만든다니 복습도 과학이라 불릴 만하다.

효과적인 복습은 이렇게!

1. 에빙하우스의 망각 곡선에서 눈여겨봐야 할 것은 학습한 직후부터 20분까지의 손실이다. 금방 배운 10개 중 4개가 이 짧은 시간 안에 사라지는 셈이니 복습의 골든타임이라 할 수 있다. 이에 따라 수업 말미나 쉬는 시간을 이용하여 학생들에게 학습한 내용을 한번 훑어보게 하는 것을 추천한다. 망각 전 의식적인 복습을 통해 장기기억 보관율을 높이는 것이다. 복습도 습관임을 잊지 말자.

2. 사람들이 많이 사용하는 10가지 학습법을 검증한 던로스키 교수팀의 연구를 기억하는가? 이들은 100여 년간 제시된 여러 가지 학습법 중 연습 시험만큼 복습에 효과적인 것은 단연코 존재하지 않는다고 주장한다. 연습 시험에 참여한 아이들이 기억력뿐만 아니라 지식 인출 면에서도 월등했다는 것이다. 단, 너무 어려운 문제만을 제시하는 것은 자칫 해결하고자 하는 의욕을 꺾을 수 있으니 피해야 할 것이다.

3. 던로스키 교수팀은 '왜'를 잘 활용해도 좋다고 말한다. 학습 후 왜 그렇게 생각하는지, 왜 이것이 정답인지, 왜 이것은 아닌지를 아이에게

물어보라는 것이다. '왜'를 활용한 정교한 질문이 이미 머릿속에 존재하는 지식과 새로 배운 내용을 융합함으로써 학습을 강화한다고 하니 질문을 통한 복습을 실천해보길 바란다.

예시가 풍부할수록 좋을까

-효과적인 예시 활용 방법-

09

오늘은 독후 활동을 했다. 감상문으로만 표현하면 재미없을 것 같아 시나 그림, 만화, 편지, 소책자, 역할극으로 표현된 것을 찾아 예시로 보여 줬다. 그런데 결과물의 질이 생각보다 좋지 않았다. 보기가 많을수록 더 잘해야 하는 것 아닌가?

예시가 많을수록 과제의 질이 향상된다.

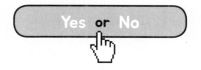

많은 보기는 선택에 따른 후회와 뇌의 과부하를 일으켜 과제의 질을 떨어뜨린다.

잼을 사기 위해 시장에 갔다고 가정해보자. A매대에서는 24개의 잼을 취급하고 있는 반면, B는 겨우 6개만을 팔고 있다. 당신이라면 어떤 곳에서 잼을 살 것인가? 아무래도 많은 제품이 있는 곳이 끌리지 않을까? 컬럼비아대학교 아옌가르(Iyengar) 교수팀은 반은 맞고 반은 틀렸다고 말한다.[27]

실제 사람들의 동선을 살핀 결과, 발걸음을 더 많이 멈추게 한 곳은 역시 A였다. 형형색색 잼병이 놓인 진열대 앞에 멈춰 선 사람들은 전체의 60%나 됐다. 그런데 아이러니하게도 A의 구매율은 3%대에 그쳤고, B는 30%나 됐다. 상품이 다양할수록 판매에 유리할 것이라는 기대를 완전히 무너뜨리는 결과였다. 아옌가르 교수팀은 이런 오류가 학습에서도 종종 발생한다고 말한다.

연구진은 이를 증명하기 위해 사회심리학과 신입생을 두 모둠으로 나눈 후 영화 한 편을 보여주었다. 그런 뒤, 칠판에 적힌 주제 중 하나를 선택하여 2페이지 이내로 에세이를 작성하라고 했다. 단, 앞으로도 추가 학점을 취득할 기회는 많을 것이라고 안내함으로써 의무가 아님을 강조했다. 다른 점이라면 첫 번째 모둠에는 6개의 주제를, 두 번째 모둠에는 30개의 주제를 줬다는 것뿐이었다. 그 결과, 참여율에서 차이를 보였다. 과제에 응한 사람은 전체의 65%였다. 특히 선택할 주제가 적었던 첫 번째 모둠의 과제 제출률(74%)이 높았는데, 이는 두 번째 모둠보다 14%나 더 높은 수치였다.

과제의 질은 어땠을까? 이를 살펴보기 전에, 먼저 내가 피험자가 되었다고 상상해보자. 누군가가 내 글을 읽을 것이라는 부담감에 잘해야 할 것 같은 생각이 든다. 그런데 제출 여부만 확인하겠다고 하면 어떨까? 마음을 짓누르던 부담은 사라지고 안도감이 찾아올 것이다. 채점이라는 외적인 압박으로부터 자유로워진 덕이다. 이제부터 과제 품질은 온전히 내 마음에 달렸다. 성장 욕구가 강한 사람은 누가 보지 않아도 최선을 다해 배움을 추구하겠지만, 그렇지 않은 사람은 주어진 분량만 채울 뿐 내용에 큰 고민을 하지 않고 글을 쓰는 것처럼 말이다.

연구진은 피험자의 순수한 내적 동기를 측정하기 위해 에세이 작성 전에 채점은 없을 거라고 피험자를 속였다. 거짓말을 했다. 실제로는 채점을 했다. 그 결과는 어땠을까? 피험자의 과제를 10점 만점으로 채점해본 결과, 첫 번째 모둠이 두 번째 모둠에 비해 영화에서 묘사하고 있는 사회심리학적 개념을 더 잘 찾아내고 잘 설명했다. 또한 문법이나 글씨 같은 형식적인 측면에서도 더 나은 경향을 보였다.

아옌가르 교수팀은 그 이유를 뇌에서 찾았다. 사람은 스스로를 과대평가하는 경향이 있다. 주어진 정보를 놓치지 않고 모조리 처리할 수 있다고 믿는 것이다. 그러나 아쉽게도 우리의 뇌는 그리 빠르지도, 똑똑하지도 않으며 처리할 수 있는 정보의 양과 한계가 분명하다. A매대로 간 손님들을 떠올려보자. 그들이 B가 아닌 A를 선택한 이유는 수많은 제품 중에

(출처: SS Iyengar, MR Lepper, 2000, 인용)

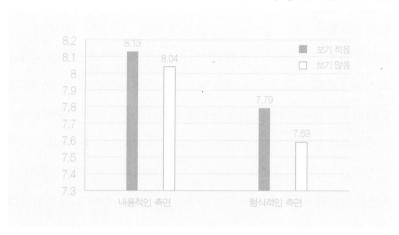

피험자의 과제를 10점 만점으로 채점한 결과, 내용적인 측면과 형식적인 측면 모두 보기(선택 가능한 주제의 수)가 적었을 때 점수가 더 좋았다.

내 마음에 쏙 드는 잼이 있을 것이라는 확신 때문이었다. 그러나 막상 방문해서 살펴보니 성분, 특징, 가격 등 챙겨볼 것이 너무 많았다. 이 세 가지만 따져도 A매대에서는 비교하고 분석할 데이터가 72개에 달했다. 절로 두 손 두 발을 다 들고 싶은 마음뿐이었을 것이다. 결국 A매대에서는 실구매로 이어지는 비율이 현저히 떨어졌다. 이는 교실에서도 그대로 이어져, 보기가 많은 모둠의 낮은 과제 제출률로 재현됐다.

그럼, 보기의 개수에 따른 과제 수준 차이는 어떻게 설명할 수 있을까? 무엇을 선택한다는 것은 나머지를 버리는 것이나 마찬가지다. 기회비용이 발생하는 것이다. 그나마 보기가 몇 개 없으면 버릴 것이 적기에 덜 부담스럽지만, 반대라면 이야기가 다르다. 그만큼 후회할 가능성이 커지기 때문이다. 이러한 부작용은 과제가 막혔을 때 고스란히 드러난다. '차라리 그 주제로 할걸. 그것이 더 좋았을 텐데'라고 후회하며 현재의 주제에 집중하지 못하는 것이다. 그럼 보기를 어떻게 제시해야 아이들의 학습을 도울 수 있을까? 보기 제시의 두 가지 팁, 함께 살펴보자.

예시나 보기는 이렇게!

1. 노벨상을 받은 사회과학자 사이먼(Simon)은 정보의 풍요로움은 오히려 주의력의 빈곤을 만들어낸다고 했다. 잘못된 결정의 원인이 정보 부족이 아니라, 그것을 처리하는 우리 능력의 한계에 있음을 꼬집은 것이다. 그럼 보기가 몇 개일 때 우리는 후회 없는 선택을 할 수 있을까?

   정답은 두세 개이다. 인간은 복잡한 과제일수록 단순화하여 판단 (heuristic)하는데, 보기가 9개일 때보다 6개일 때 단순화해서 판단할 확률이 낮아진다. 그리고 3개일 때, 휴리스틱의 일종인 제거 전략이 21%대로 떨어진다. 이는 보기가 세 개 이하일 때부터 하나하나 따져가며 생각하고 선택하는 경향성이 높아졌기 때문이다.[28]

2. "보기가 많으면 대충 고르고 대충 선택한다"라고 하지만, 때로 문항의 수와 보기가 많을 수밖에 없을 때가 있다. 바로 설문조사를 진행할 때다. 특히, 알고자 하는 것이 많다면 더욱 그렇다. 거너(Garner) 교수는 피치 못할 사정으로 보기가 늘어났다면 포스트잇을 적절히 활용하라

고 말한다.[29] 실제로 복잡한 설문지의 제일 앞장에 "참여해줘서 고맙다"는 말이 적힌 포스트잇을 붙이자, 포스트잇을 붙이지 않은 설문지 회수율(36%)보다 40% 높은 76% 회수율을 보였다.

스스로 기한을 정하면
마감률도 높아질까
-자유와 관여의 적정 비율-

무슨 일이든 기한이 있다. 그런데 문제는 번번이 그 날짜를 넘긴다는 것이다. 어떤 일의 기한은 스스로 정하는 것이 더 좋을까? 타인이 정해주는 것이 더 효과적일까?

스스로 과제의 기한을 정하면 과제의 마감률이 높아진다.

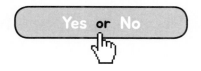

과거 수업의 주인은 교사였다. 수업 설계는 물론 가르치는 모든 과정을 선생님이 주도했다고 해도 과언이 아니다. 그래서일까, 아이들은 철저히 수동적이었고 학습 참여율은 아주 낮았다. 배우는 것이 즐겁지 않았던 것이다. 그래도 다행인 것은 최근 '참여형 수업'이라는 이름 아래 아이들 스스로 수업을 설계하고 참여하는 교실이 많아졌다는 것이다.

그런데 솔직히 우리 반 상황은 조금 달랐다. 아이들에게 주도권을 주고 맡겼는데, 생각만큼 성과물이 나오지 않은 것이다. 게다가 정해진 시간을 넘기기 부지기수여서, 학기 말에 진도를 나가기 위해 허덕였다.

자율 속에서 질 높은 배움과 성과물을 얻는 방법은 없을까? 듀크대학교 애리얼리(Ariely) 교수팀은 조금 잔인하더라도 마감을 정해주는 것이 좋다고 말한다. 마감 방법에 따른 업무 성과를 알아본 '네 멋대로 해라' 실험을 통해 알아보자.[30]

연구진은 MIT 학생이 가장 많이 보는 게시판에 '논문에서 잘못된 부분을 찾아 수정할 경우 10센트를 지급하겠다'는 내용으로 단기 아르바이트 모집 공고를 냈다. 정해진 기한을 넘기면 하루에 1달러의 벌금이 부과된다는 단서조항도 잊지 않았다. 똑똑하기로 소문난 MIT 학생들이 30달러가 걸린 이 기회를 놓칠 리 없었다. 생각보다 많은 이가 지원했다. 연구진은 오랜 고민 끝에 관련 과를 제외한 학생 60명을 최종 선정했다.

그렇게 뽑힌 피험자들은 '100개의 오류로 뒤덮인 논문 3개를 3주 안에 교정해 제출하면 된다'는 안내를 받았다. 단, 마감 방법은 각기 달랐다. 첫 번째 모둠은 일주일에 한 번 정해진 날에 논문 한 편씩을 수정하여 제출하면 되었던 반면, 두 번째 모둠은 한 편씩 논문을 제출하되 스스로 마감일을 정하게 했다. 한번 정한 날짜는 바꿀 수 없고, 그 날짜에 제출하지 못하는 경우 가차 없이 벌금이 부과됨을 알렸다. 두 모둠의 차이라고는 날짜를 정해주느냐, 아니면 본인 스스로 정하느냐뿐이었다. 마지막으로, 세 번째 모둠은 최종 마감일을 정해주고 그날에 3개의 논문 모두를 제출하게 했다. 이 세 모둠의 결과물은 어땠을까?

연구진이 첫 번째로 알아본 것은, 모둠별 참여자들이 찾아낸 오류의 수였다. 과제에 대한 집중력과 그로 인한 성과를 파악하기로 한 것이다. 그 결과, 일주일에 한 번 과제를 제출하게 한 첫 번째 모둠에서 찾은 오류 수가 가장 많았다. 부과된 일에 대한 계획을 스스로 수립하고 실천하게 했던 모둠의 성과가 더 높을 것이라는 예상이 보기 좋게 빗나간 것이다. 왜 그랬을까? 애리얼리 교수팀은 시간에서 해답을 찾았다. 각 모둠의 과제 해결 시간을 비교해보니, 두 번째 모둠의 70분, 세 번째 모둠의 51분에 반해, 첫 번째 모둠은 무려 84분이나 투자했다. 과제 해결에 쏟은 시간과 노력이 많을수록 성과 또한 좋아지는 것은, 어찌 보면 당연한 결과다.

그다음으로 알아본 것은 과제 제출일이었다. 마감 기한을 가장 많이 넘긴 모둠은 최종 마감일에 모든 과제를 한꺼번에 제출하게 했던 세 번째 모둠이었다. 그들이 어긴 날짜는 13일에 달했다고 하니 과제 제출까지 총 5주가 걸린 셈이다. 그 이유는 다양했으나, 과제를 너무 쉽게 본 탓에 느긋하게 시작했다는 응답이 가장 많았다. 과제에 드는 시간을 정확하게 파악하지 못한 탓에 착수가 한참 늦어졌고, 시간 관리에 실패한 것이다. 이러한 차이는 수익에서도 여실히 드러났다. 가장 많은 수익을 낸 첫 번째 모둠의 20달러에 비하면 세 번째 모둠의 수익은 초라할 정도로 적었다. 어떤 이는 얻은 이익보다 벌금이 더 많다며 툴툴거리기도 했다니, 무슨 일이든 한 번에 모든 과제를 제출하게 하는 마감 방법은 피하는 편이 낫다.

(출처: D Ariely, K Wertenbroch, 2002, 인용)

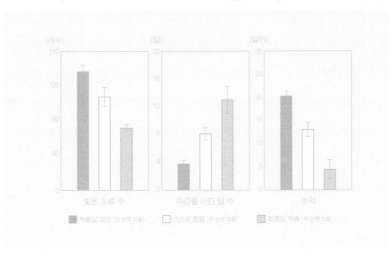

과제의 마감 방법에 따른 결과: 스스로 마감 날짜를 정하는 것보다 타인이 기한을 제시했을 때 마감률과 정확성이 높았다.

이제까지 마감 기한과 성과, 두 마리 토끼를 잡는 방법에 대해 알아보았다. 모든 것을 자율에 맡길 때 마감률이 높아질 것이라는 예상과 달리 어느 정도의 한계가 주어질 때 일을 더 잘 해냈다. 그럼에도 불구하고 우리는 전체 학습 과정을 '아이 스스로 끌어가는 능력을 높인다'는 목적 아래 문제만 던져주고 그에 대한 방법과 해답을 아이에게 스스로 찾으라 요구했다. 문제 파악에 서툴고 시간 관리에 애를 겪고 있는 아이들임에도 말이다. 자기주도적 학습력을 높이고 싶은가? 그렇다면 문제해결과 관련된 모든 것을 아이 손에 맡겨놓기보다 학습 계획은 타당한지, 실현 가능한지, 잘 실천하고 있는지를 종종 확인토록 하자. 그편이 자발성을 끌어내는 데 더 효과적이다.

자기주도적 학습력 향상은 이렇게!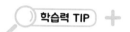

1. MIT의 '네 멋대로 해라' 실험에서 각 모둠의 참여자들이 느끼는 과제에 대한 즐거움은 어땠을까? 정확성과 기한을 모두 챙겼던 첫 번째 모둠이 흥미 면에서도 앞섰을까? 조사 결과, 정해진 날에 세 개의 과제를 제출하게 했던 세 번째 모둠이 흥미도가 가장 높은 것으로 나타났다. 애리얼리 교수팀의 실험은 성과와 흥미가 반비례하는, 상식적이지 않은 결과를 보여준 것이다.

그럼 어떻게 해야 공부의 효율과 흥미를 모두 챙길 수 있을까? 우선 흥미부터 잡으라 말하고 싶다. 해당 과목을 학습하고자 하는 내적 동기를 자극하는 것이다. 왜 공부해야 하는지에 대한 답을 스스로 찾은 아이는 누가 시키지 않아도 책상에 앉을 것이니 말이다.

2. 최종일에 세 개를 한 번에 낸 모둠의 실패는 '이 정도 시간이면 과제를 해결할 수 있을 것'이라는 오만에서 비롯됐다. 현재 자신의 실력, 과제의 난도와 양 등 다양한 변수를 헤아리지 못한 것이다. 이러한 현상은 학습에서도 똑같이 나타난다. 시험 대비를 위해 '하루에 한 과목 공부'라는 계획을 세웠지만, 그 시간 안에 끝내지 못한 것처럼 말이다. 이는 구체적인 계획이 필요함을 시사한다. 최종 목표를 향해 거쳐야 할 과정은 물론 주어진 시간을 어떻게 활용할지를 꼼꼼하게 계획함으로써 발생할 수 있는 변수를 사전에 차단하는 것이다. 전략적이고도 치밀한 계획이 자기주도적 학습력을 향상하게 만듦을 잊지 말자.

3. 구체적인 계획의 중요성은 골비처(Gollwitzer) 교수팀의 연구에서도 드러난다.[31] 크리스마스 일주일 전, 학생들에게 당일 행적을 적어내기만 하면 가산점을 주겠다는 이야기를 하면 어떨 것 같은가? 이런 간단한 방법으로 추가 학점을 딸 수 있다니 모두가 옳거니 했을 것이다. 그러나 실제로 이 실험을 진행한 결과, 과제 제출량은 전체의 32%에 그쳤다. 이와 달리 언제, 어디서 이 과제를 수행할 것인지 세세하게 계획을 세우게 하자 보고서 수합률은 71%에 달했다. '구체적인 계획'이 자기주도 학습에 얼마나 큰 영향을 끼치는지 다시 한 번 알 수 있는 실험이다.

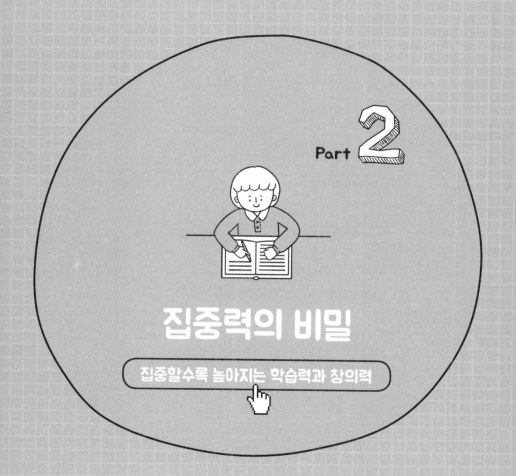

Part 2

집중력의 비밀

집중할수록 높아지는 학습력과 창의력

지저분한 책상에서 공부가 잘될까

-정리 정돈과 집중력의 상관관계-

01

교실 속 아이들의 책상을 살펴보면 정말 제각각이다. 말끔히 정돈된 책상도 있는가 하면 담요며 컵, 심지어 칫솔까지 올려져 있는 책상도 있다. 책상이 깨끗해야 공부가 더 잘될 것 같은데, 당신의 생각은 어떠한가?

정리 정돈에 능한 아이가 공부를 더 잘할 것이다.

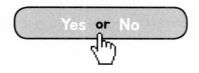

지저분한 곳보다 정돈된 책상에서 공부했을 때 인지처리 속도와 과제집착력이 높아진다.

언제 입고 벗었는지도 모를 옷들과 양말이 여기저기 널브러져 있고, 반쯤 먹다 남은 과자봉지가 책상 위에 그대로 있으며 바닥에 온갖 쓰레기가 나뒹구는 방에 서 있다고 생각해보자. 불쾌감에 당장 밖으로 나가고 싶은 생각이 들 것이다. 그런데 아뿔싸, 이 방이 내 방이라면? 엄마의 잔소리는 둘째 치고, 나에 대한 실망이나 혐오감이 불쑥 올라올 수 있다. 지저분한 것보다 깨끗한 것이, 혼란스러운 것보다는 질서정연한 것이 유익함을 알고 있음에도 실천하지 못했다는 점이 죄책감을 불러일으킨 것이다. 이처럼 사람들은 스스로 삶을 제대로 통제하고 있지 못하다고 느낄 때 죄책감 또는 부정적인 감정을 느끼게 되고, 이는 삶을 유지하는 데 꼭 필요한 정신적인 힘까지 소모하게 한다.

통제 불능의 나비효과는 '다이어트'에서도 찾아볼 수 있다. 2008년 '체중 감량에 성공하고 싶다면 당장 방을 치우라'는 기사가 『뉴욕타임즈』에 실린 적이 있다. 정돈되지 않은 무질서함이 정신적인 에너지를 소모시킬 때, 이를 채우기 위해 음식을 더 가까이하게 된다는 것이 주요 내용이었다.[32]

교실 속에서도 질서와 무질서는 존재한다. 아이들이 공부하는 책상만 해도 그렇다. '무질서=정신적 소모'라면 정돈되지 않은 책상에서 공부하는 아이의 집중력이 응당 낮을 것이다. 이를 실험으로 증명해낸 홍콩이공대

학 채보연 교수팀의 연구를 살펴보자.[33]

채보연 교수팀은 환경이 인지처리 속도에 어떤 영향을 미치는지 알아보기 위해 10달러를 대가로 89명의 피험자를 모집했다. 그리고 이들을 세 모둠으로 나눠 깨끗하게 정리된 방과 지저분한 방, 아무것도 없는 방에 한 명씩 입장시켰다. 지저분한 방은 말 그대로 연필이나 볼펜, 컵 등이 책상 위에 널브러진 상태였고, 벽에는 신문지가 덕지덕지 붙어 있었다. 이 방에 들어갔던 대부분의 피험자는 어수선함을 느꼈고, 일부는 더러워 견디기 힘들었다고 대답했다. 연구진은 각 방에 있는 피험자들에게 64개의 스트룹(Stroop) 작업을 요구했다. 주어진 정보를 올바르게 해석하기 위해 무의식을 억눌러야 하는 이 작업은 선택적 주의 및 인지처리 속도 측정에 효과적이기에 심리실험에서 자주 활용된다. 스트룹의 방법은 다음과 같다.

스트룹 작업 방법

1. 빨간색으로 '검정'이라고 쓰인 글자를 피험자에게 보여준다.
2. 연구자는 글자의 색(빨강)이 아닌 글자의 의미(검정)를 말할 것을 요구한다.
3. 피험자는 눈에 보이는 빨강이 아닌 '검정'을 말한다.

방의 상태에 따른 인지처리 속도는 어땠을까? 실험 결과, 더러운 방에 있었던 첫 번째 모둠의 스트룹 해결 시간은 그렇지 않은 방에 비해 더 오래 걸렸다. 스트룹 하나당 평균 0.15초 정도 늦었다. 그리고 스트룹을 마

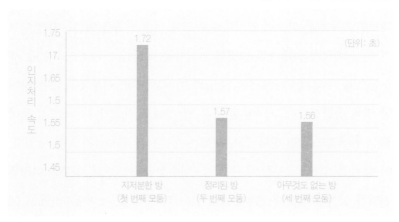

방의 상태에 따른 인지처리 속도: 지저분한 방에 있었던 피험자들이 그렇지 않은 방에 비해 처리 속도가 늦은 것으로 나타났다.

친 피험자들에게 얼마나 피곤한지를 0점부터 7점까지 스스로 표시하게 하자, 지저분한 방에 있었던 사람들(4.19점)이 깨끗한 방에 있었던 사람들(2.98점)보다 훨씬 더 피곤하고 힘들다고 대답했다. 지저분한 방에 있던 사람들은 인지처리 속도가 느려진 것은 물론이고, 심리적으로도 더 고갈된 듯한 감정을 느꼈던 것이다.

연구진은 내친김에 환경에 따른 과제집착력 또한 알아보았다. 이번에는 해결할 수 없는 퍼즐을 준비한 뒤 각기 다른 방에서 풀게 했다. 그리고 나서 얼마나 오랫동안 퍼즐을 붙잡고 있는지 확인하였다. 그 결과 지저분한 방에 있었던 사람들은 평균 668초 동안, 깨끗한 방은 1,116초 동안 퍼즐에 매달렸다. 정리 정돈된 방의 피험자가 거의 두 배에 가까운 과제집착력을 발휘한 것이다. 이런 결과가 발생하게 된 까닭은, 결국 지저분한 방이 개인의 정신적 에너지를 앗아가는 데 있었다. 그렇다면 에너지를 추가로 제공함으로써 부족한 부분을 채우면 더러운 방과 깨끗한 방의 과제 집중도는 비슷해지지 않을까? 연구진은 이를 확인하기 위해 한 번 더 실험을 진행했다. 일명 '단물' 프로젝트다.

연구진은 지저분한 방에서 퍼즐을 해결하되, 한 모둠에는 포도당이 든 단물을, 다른 한 모둠에는 일반 물을 제공했다. 그랬더니 거짓말처럼 단물을 마신 모둠의 과제집착력이 1,037초로 부쩍 늘었다. 이제 공부하는 공간과 책상을 정리해야 할 이유가 두 가지 더 늘었다. 인지처리 속도와 과제집착력을 높일 수 있는 간단한 비결을 놓칠 이유가 없지 않은가. 우리 아이를 정리 정돈의 달인으로 만들고 싶다면 다음과 같이 해보자.

책상 정리 습관은 이렇게!

1. 책상 위는 최대한 단순한 것이 좋다. 필기도구는 꼭 필요한 것만 올려놓음으로써 집중력이 흩어지는 것을 방지한다. 우리가 가장 많이 하는 실수 중 하나가 필통을 통째로 올려놓는 것이다. 인간의 집중력은 작은 것에 쉽게 흔들린다. 정적인 순간에는 더욱 그렇다. 그런데 마침 여러 물건으로 가득한 필통이 옆에 있다고 생각해보자. 자연스레 손이 갈 것이며, 그 속에 들어 있는 것들을 하나씩 꺼내보고 싶을 것이

다. 이 순간만큼은 필통은 방해요인이 된다. 그러므로 학습 시작 전에 연필, 지우개 같이 꼭 필요한 것들만 꺼낸 뒤 서랍 속에 필통을 보관할 수 있도록 하자. 아울러 플라스틱이나 금속으로 된 필통은 소음이 발생하여 주위 친구들의 집중력까지 앗아갈 수 있으니 되도록 천으로 된 필통을 추천한다.

2. 책상 정리에서 가장 신경을 써야 할 부분은 서랍이다. 서랍 정리의 달인이 되기 위해서는 우선 구역을 나눠 놓는 것이 좋다. 연필이나 지우개같이 자주 사용하는 것은 오른쪽에(오른손잡이 기준), 가위나 네임펜 같이 덜 사용하는 것은 왼쪽에 둠으로써 물건 찾는 시간을 절약하는 것이다. 이렇게 습관을 들이면 굳이 손으로 서랍 속을 휘젓지 않고 바로 찾아 사용할 수 있다는 장점이 있다. 책상 크기에 맞춰 제작된 골판지 서랍 정리함을 활용해도 좋다.

3. 서랍 정리는 매일 아침 하는 것이 좋다. 당일 학습할 과목에 따른 교재와 준비물로 책상 서랍을 채워넣는 것이다. 그러기 위해서는 '8시 40분은 서랍 정리하는 시간' 같이 시간 약속을 해놓는 것이 효과적이다. 본격적인 학습 전, 필요한 것들을 챙기며 마음까지 다잡을 수 있으니 일거양득이다.

왜 채점은 빨간색으로 할까
-빨간색이 가진 집중의 힘-

아이들의 학습 정도를 파악하기 위해 쪽지시험을 보았다. 그리고 채점을 위해 습관처럼 빨간 색연필을 집어들었다. 자극이 강하고 눈에 잘 띄는 빨간색만큼 채점용으로 좋은 것도 없지 않을까?

빨간색은 주의력을 집중시킬 수 있어
채점용으로 그만이다.

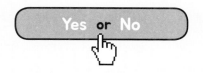

빨간색은 순간적인 집중력을 높이며 회피 동기를 자극하기에 채점용으로는 제격이다.

채점용 1순위 펜은 단연 빨간색이다. 받아쓰기를 채점하는 초등학교 1학년 담임 선생님의 손에도, 영어 단어 쪽지시험을 평가하는 중ㆍ고등학교 선생님의 손에도 빨간펜은 항상 들려 있다. 어릴 때는 왜 노란색이나 파란색이 아닌 빨간색으로만 채점을 해주는지 궁금했다. 틀린 문제에 내리는 비가 빨간색인 것보다는 노란색이 더 낭만적일 것 같은데 말이다. 그런데 교사가 된 지금 나 또한 아이들의 과제물을 채점할 때면 빨간펜부터 찾는다. 이 정도면 평가와 빨간색은 떼려야 뗄 수 없는 관계임이 확실하다. 채점용으로 빨간색을 고집하는 당신의 심리, 브리티시컬럼비아대학 주(Zhu) 교수팀의 실험을 통해 알아보도록 하자.[34]

연구진은 빨간색이 평가용으로 사랑받는 이유를 알아보기 위해 각각의 색이 주는 심리적 동기에 주목했다. 대개 빨간색은 위험을 알리거나 실수를 발견할 때 활용된다. 정지 또는 주의를 필요로 하는 표지판의 테두리나 업무상 발견한 오류를 빨간색으로 표시하는 것이 그 예다. 빨간색이 경고의 의미를 담게 된 까닭 중 하나는 혈액의 색과 비슷하기 때문이다. 사람들은 누구나 피를 본 순간 공포라는 감정에 휩싸인다. 피는 곧 생명을 의미하기에 자신을 위협하는 것으로부터 스스로를 지키기 위해 준비태세를 갖추는 것이다. 그렇다 보니 빨간색에 예민할 수밖에 없다. 결국 빨간색은 싫어하는 것으로부터 피하고자 하는 욕구인 회피 동기와 관련있다 할 수 있다.

그렇다면 파란색은 어떨까? 푸른 하늘을 생각해보자. 마음이 뻥 뚫리고, 있던 고민도 사라지는 기분이 든다. 휴가철이 되면 바다를 찾는 까닭도 매한가지다. 파란색은 개방성, 평화, 평온의 의미를 담고 있어 빨간색과 달리 접근 동기를 작동시킨다. 연구진은 이러한 동기가 학습에서도 유효한지 알아보기 위해 69명의 참가자를 모은 뒤 '피', '키', '오', '노' 같은 단어를 빨간색 또는 파란색, 흰색 배경에 각각 보여줬다. 그런 다음 문자의 순서를 재조합하여 의미가 있는 단어로 만들어보라고 요구했다. 우리도 이 네 글자로 익숙한 한 단어를 만들어보자. 정답은 '피노키오'다.
이러한 말장난을 애너그램(anagram)이라 한다. 머릿속으로 시연하고 점검하는 애너그램은 인지처리 속도를 측정하는 데 쓰인다.

애너그램 방법

1. 연구자는 의미가 있는 단어를 하나 생각한 뒤 뒤죽박죽으로 섞는다.
2. 섞인 글자를 피험자에게 제공한다.
3. 피험자는 단어의 순서를 이리저리 바꿔보며 의미가 있는 단어로 만들어 연구자에게 보고한다.

주 교수팀이 말한 동기이론에 따르면, 빨간색은 회피 동기이기에 빨간색 배경에 '미움'과 '사랑'이라는 두 단어가 제시되었을 때 회피단어인 '미움'에 더 민감하게 반응해야 한다. 이는 일정한 방향으로 흐르고자 하는 인

간의 심리에서 기인한다. 실제로 그랬을까? 배경 색깔에 따라 접근단어와 회피단어를 판단하는 시간에는 차이가 있었다. 배경이 파란색일 때는 자신을 기분 좋게 만드는 단어인 접근단어에 더 빨리 반응했다. 'a d e e n r t u v' 철자에서 adventure(모험)를 조합하는 데는 10.93초 정도밖에 소요되지 않았지만 'd e i l k i s'에서 dislike(미움)를 찾는 데는 12.25초가 걸렸다. 파란색이 가진 편안함이 접근단어에 한발 가깝게 다가서게 한 것이다. 이와 반대로 빨간색 배경은 회피단어의 인식률은 높인 반면, 접근단어에는 인색함을 보였다.

(출처: R Mehta, R Zhu, 2009, 인용)

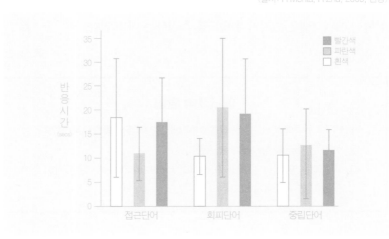

배경색에 따른 인지처리 속도 측정 결과: 빨간색 배경일 때는 회피단어에, 파란색 배경에서는 접근단어에 더 빨리 반응하는 것으로 나타났다. 이는 빨간색이 파란색보다 부정적인 자극에 더 주의를 기울이게 한다는 것을 의미한다.

주 교수팀은 한발 나아가 색깔에 따른 집중력을 알아보았다. 이번에는 208명의 참여자를 세 모둠으로 나눴다. 각각의 모둠원은 36개의 단어를 2분 동안 암기할 것을 요구받았는데, 이때 첫 번째 모둠의 배경은 빨간색이었고 두 번째 모둠은 파란색, 세 번째 모둠은 흰색이었다. 사람마다 다른 순간 기억력으로 인한 영향력을 배제하기 위해 20분 후 얼마나 많은 단어를 외우고 있는지 종이에 적게 했다. 그 결과, 빨간색 배경에 제시된 단어를 암기한 모둠이 평균 15.98개로 1위를 차지했다. 2위는 파란색 배경에 제시된 단어를 암기한 모둠으로 평균 12.31개의 단어를 적었다. 첫 번째 모둠은 두 번째 모둠 보다 단어 3.67개를 더 암기한 셈이다. 빨간색이 집중력과 기억력을 높이는 데 일조했음을 알 수 있다.

그렇다면 파란색은 학습에서 별 쓸모가 없는 색일까? 다행히도 아니다. 연구진은 또 하나의 실험을 통해 파란색이 창조성을 자극함을 발견했다. 이번 실험에 활용한 도구는 블록이다. 참가자들은 안내에 따라 블록으로 최대한 창의적인 작품을 만들기 시작했다. 주어진 시간은 1분 남짓이었으며 이들은 몇 가지 기준에 의해 5점 만점으로 채점되었다. 그 결과, 빨간색 블록을 활용했던 피험자들은 3.39점, 파란색 블록을 활용한 피험자들은 4.67점를 받았다. 빨간색이 주의력과 기억력 면에서 강점이 있다면, 파란색은 창조적인 생각을 불러일으키는 데 특화된 것이다.

이 세 가지 실험을 통해 알 수 있는 것은 빨간색은 세부 지향적인 작업에서 효과가 있고, 파란색은 창의성을 높인다는 점이다. 색깔에 따라 능률이 달라진다니 정말 놀라운 사실이다.

이제 어린 시절 선생님이, 그리고 지금의 당신이 채점할 때 빨간펜을 드는 이유는 틀린 것, 즉 부정적인 자극에 주의를 더 기울임이게 함으로써 앞으로 같은 실수를 하지 않았으면 하는 바람이 첫 번째이고, 두 번째는 순간적인 집중력을 높이기 위함이다. 채점의 목적은 알고 모르는 것을 정확하게 구분해줌으로써 부족한 부분을 알고 채우라는 의도다. 채점 결과를 받아든 아이는 왜 자신이 그 문제를 틀렸는지 어떤 부분에서 오류를 범했는지 확인을 한다. 이때 빨간색은 자극에 기폭제가 되어 고도의 집중력을 발휘하는 데 도움이 된다.

색깔에 담긴 심리 100배 활용법!

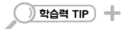

1. 케이트 리(Kate Lee) 교수팀은 공부하는 아이 곁에 녹색이 있으면 좋다고 말한다. 과제를 해결한 뒤 녹색 지붕을 40초간 보게 했더니, 회색 콘크리트 벽을 볼 때보다 다음 문제에서 오류가 크게 줄어들었다는 것이다.[35] 이는 초록 계통의 색이 피곤함을 줄이고 집중력을 높이는 데 효과적임을 의미한다. 식물을 멀리했다면 이제라도 아이를 위해 식물에 관심을 가져보는 것은 어떨까.

2. 지역이나 회사는 고유의 이미지(Visual Identity)를 가지고 있다. 추구하는 이념, 가치, 특징 들을 그림에 녹임으로써 존재의식을 높이기 위함이다. 이런 이미지는 생활 교육에도 효과적이다. 함께 정한 약속을 이미지로 표현하고 눈에 잘 띄는 곳에 붙여두면 실천 의지를 높이는 것

이다. 이때 색상이 가진 특성을 이용하면 더욱 효과적이다. 예를 들어 교우관계가 원만치 않은 아이에게 의도적으로 분홍색을 이용함으로써 폭력성은 낮추고 사랑을 강조하는 것처럼 말이다. 분홍색의 효과는 미 해군이 관리하는 교정시설 벽을 분홍색으로 칠했더니 수용자들의 폭력성이 감소했다는 연구 결과와도 맥락을 같이한다.[36] 우리만의 상징을 만들고 색을 정해보며 색깔이 지닌 심리적 효과를 누려보자.

3. 워웰(Whorwell) 교수팀은 주요 색상인 빨강, 주황, 노랑, 초록, 파랑, 보라에 신체의 기능과 관련된 분홍, 갈색 그리고 무채색인 검정과 흰색을 더한 뒤 각각의 색에 명도와 채도를 달리하여 총 38개의 색상환을 만들었다.[37] 그런 다음에 정상인과 불안장애나 우울증을 앓고 있는 사람들을 모아 끌리는 색, 자주 사용하는 색, 지난 몇 달 동안의 기분을 대변하는 색을 고르게 했다. 그 결과, 정상인들의 99%는 노란색을 가장 끌리는 색으로 꼽았다. 자주 사용하는 것은 하늘색(16%)이었으며, 노란색(39%)이 요새의 기분을 잘 표현한다고 대답했다. 그런데 불안이나 우울을 앓고 있는 사람들의 선택은 달랐다. 두 집단 모두 요새의 기분을 묻는 세 번째 질문에서 회색을 선택하는 경향이 높았다. 그 수치 또한 70%를 웃돌았다.

집중하면 어떤 일이 일어날까
-집중할 때 일어나는 신체의 변화-

03

우리는 좋아하는 무언가에 푹 빠졌을 때 눈에서 빛이 난다고 표현한다.
그래선지 우리 반 아이들은 체육 시간만 되면 눈동자가 더욱 반짝이는
것만 같다. 실제로도 그럴까?

눈동자 크기는 집중할 때나 평소나 똑같다.

Yes **or** No

무엇에 집중할수록, 그리고 과제 난이도가 높을수록 동공의
지름은 커진다.

다급한 환자가 응급실에 들어오면 의사는 동공 반사부터 점검한다. 빛의
양에 따라 조절되는 눈동자 크기를 보며 혹시나 뇌 손상이 있는지 살피
는 것이다. 그런데 흥미로운 사실은 동공이 꼭 빛에 의해 조절되는 것만
은 아니라는 것이다. 최근 연구를 살펴보면, 사랑하는 사람을 만나거나
좋아하는 음식을 볼 때도 우리의 동공이 커진다고 한다. 눈빛만 봐도 그
사람의 마음을 짐작할 수 있는 것이다. 동공 확장의 의미와 이유를 파악
하는 동공계측학은 학습에도 유용하다. 동공의 크기로 집중력이나 과제
집착력 같은 것을 알 수 있기 때문이다. 학습과 동공 크기의 상관관계를
밝힌 피츠버그대학교 스테인하우어(Steinhauer) 교수팀의 연구를 통해 아
이들의 집중력을 끌어올리는 방법에 대해 알아보자.[38]

스테인하우어 교수팀은 본격적인 연구에 앞서 실험 참여자들을 모집했
다. 33명이 지원했으며 최종 학력과 나이는 각기 달랐다. 대상이 다양해
서 동공의 크기와 집중력의 보편적인 관계를 밝히는 데 매우 효과적이었
다. 피험자를 두 집단으로 가른 연구진은 첫 번째 모둠에는 아무것도 하
지 않고 가만히 있기를, 두 번째 모둠에는 7가감법을 시켰다. 다른 수도
아닌 7인 이유는 구구단 암기와 관련 있다.
초등학교 2학년 시절로 돌아가보자. 당신은 어떤 순서로 구구단을 외웠
는가? 오래되어 기억나지 않을 수도 있지만 2단→5단→4단→8단→3

단→6단→9단→7단 순으로 외웠을 가능성이 높다. 가장 쉬운 2단과 5단을 외운 뒤 같은 배수를 공유하는 4단과 8단을, 그리고 3단과 6단, 9단을 한 세트로 묶어 암기하는 것이다. 하지만 7단은 다른 단수와 관련이 없기에 아이들이 어려워하는 단이다. 이러한 이유로 '7가감법'은 지능이나 집중력을 측정할 때 자주 활용되곤 한다.

이제 남은 일은 각 모둠의 동공 크기를 측정하는 것뿐이었다. 그 결과는 어땠을까? 아무것도 하지 않은 첫 번째 모둠에 비해 7가감을 진행했던 두 번째 모둠의 동공 지름은 1mm나 커졌다. 5mm 남짓의 동공 지름을 고려했을 때 1mm는 1/5에 달하는 매우 큰 수치다.

왜 이런 현상이 발생했을까? 연구진은 교감신경계 호르몬의 일종인 노르아드레날린에서 그 이유를 찾았다. 위급한 상황에 놓인 우리 몸은 스스로를 보호하기 위해 집중력과 긴장을 유발하는 노르아드레날린의 분비를 촉진한다. 이에 심장박동수가 빨라지고 각 기관의 혈액 공급량이 늘어난다. 빨라지는 것은 심장뿐만이 아니다. 폐도 뇌로 더 많은 산소를 배달하기 위해 열심히 일한다. 그 결과 동공이 커지고 예민한 감각을 유지하게 되는 것이다. 당면한 과제를 해결하기 위한 놀라운 신체의 변화라 할 수 있다.

스테인하우어 교수팀은 문제가 어려우면 어려울수록 긴장감이 높아져서 동공 또한 더 커질 것이라는 예상을 확인하기 위해 두 번째 실험을 준비했다. 이번에는 피실험자를 세 모둠으로 나눴다. 첫 번째 모둠은 아무

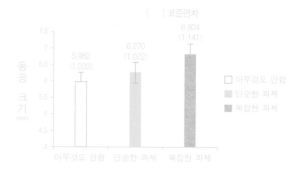

(출처: SR Steinhauer, R Condray, 2000, 인용)

( ) 표준편차

6.804
(1.141)

6.270
(1.072)

5.962
(1.032)

동
공
크
기
(mm)

□ 아무것도 안함
■ 단순한 과제
■ 복잡한 과제

아무것도 안함   단순한 과제   복잡한 과제

아무것도 안 할 때보다 과제를 해결하기 위해 집중할 때 동공이 커지는 것으로 확인됐다. 특히 동공의 지름은 복잡한 문제를 해결할 때 더 크게 확장됐는데, 적정 수준 이상의 과제가 집중력을 더 높임을 알 수 있다.

것도 하지 않아도 됐다. 두 번째 모둠의 임무는 제시된 숫자에 1을 더해 말하는 것이었다. 예컨대 2가 제시되면 3을, 5가 제시되면 6을 보고하면 그만이었다. 초등학교 1학년 아이도 해결할 수 있는 매우 간단한 과제를 준 것이다. 세 번째 모둠은 앞선 실험과 같이 7가감을 해야 했다. 결과는 어땠을까? 연구진의 예상처럼 동공의 크기는 아무것도 하지 않은 첫 번째 모둠, 단순한 과제를 해결한 두 번째 모둠, 복잡한 문제를 해결한 세 번째 모둠 순으로 컸다. 즉, 문제가 복잡할수록 동공의 지름이 더 크게 확장되었다.

동공의 크기에 따라 우리가 현재 참여하고 있는 활동에 집중하고 있는지 유무를 확인할 수 있다니, 우리의 신체는 참으로 신기하고 흥미롭다. 이 연구가 던지는 메시지는 학습 중 동공이 작아진 아이를 꾸짖으라는 것이 아니다. 매번 눈동자를 살필 수도 없거니와 혼낸다고 해서 갑자기 공부에 집중할 리도 없지 않은가. 집 나간 눈동자를 탓하기보다 단단히 붙들어매는 편이 백배 나을 것이다. 동공을 활짝 열게 하는 집중력의 비밀, 지금부터 캐보도록 하자.

집중력, 이렇게 사로잡자!

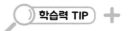

1. 백화점을 돌다 마음에 드는 옷을 발견한 사람이 있다. 아마도 눈을 똥그랗게 뜨고 당장이라도 살 기세로 매장에 들어설 것이다. 흥미로운 것을 본 아이들도 마찬가지다. 매력적으로 느낄수록 눈동자의 크기가 커졌다는 연구 결과가 이를 뒷받침한다.[39] 이는 단순히 교재로만 공부하는 것보다 그들이 좋아하는 매체나 흥미로워하는 주제로 학습했을 때 효과가 상승함을 의미한다. 가만히 책상에 앉아 공부하기를 강요하기보다 좋아하는 것을 함께 찾아보는 것은 어떨까?

2. 과제의 난이도는 어느 정도가 가장 효과적일까? 아헌(Ahern) 교수팀은 현 수준보다 한 단계나 두 단계 높은 것이 적당하다고 말한다.[40] 세 단계 이상의 문제를 해결할 때는 도리어 동공의 크기가 작아지고 집중력을 잃었다는 것이다. 특히 학업 성취수준이 낮은 아이들에게 그러한 현상이 두드러지게 나타났다고 하니, 너무 어려운 문제보다는 적당한

수준의 문제를 풀게 하는 것이 더 효과적이라 할 수 있다. 지나친 것은 미치지 못한 것과 같다는 과유불급(過猶不及)이 틀린 말이 아니다.

3. 눈동자는 문제를 풀 때만 커지는 것이 아니다. 의사결정 순간에도 동공은 확장된다.[41] 어떤 것을 선택한다는 것은 그에 관한 결과까지 책임을 져야 함을 의미하기에 신중해질 수밖에 없다. 삶에서 발생하는 다양한 문젯거리를 인식하고, 이를 해결하기 위한 대안을 생각하고 결정해보며 미래 사회를 살아가는 데 필요한 의사소통 능력까지 함양해보자.

음악을 들으며 공부해도 될까

-소리와 집중력의 상관관계-

<u>04</u>

음악을 들으며 공부하는 아이들이 꽤 있다. 아무리 봐도 음악이 집중력에 방해를 일으켜 학습 효율을 떨어뜨릴 것 같다. 당신은 어떻게 생각하는가?

음악을 들으며 공부하는 것은 비효율적이다.

Yes or No

가을바람이 선선하게 불어오면 책 한 권을 들고 카페에 가야 할 것만 같다. 가을이 주는 넉넉함을 마음의 풍요로움으로 연결하고자 하는 인간의 지적 욕구다. 그런데 그렇게 방문한 카페이건만 마음과 달리 유독 글자가 눈에 들어오지 않을 때가 있다. 옆 테이블의 대화 소리가 거슬리기도 하고, 카페 안에 흐르는 음악이 지금 읽고 있는 책과 어울리지 않는 등 책이 주는 즐거움에 빠지지 못하는 이유는 다양하다. 오하이오 웨슬리언 대학교 카이거(Kiger) 교수팀은 집중하지 못하는 이유로 음악 요소를 크게 친다. 음악이 읽기 과제에 적잖은 영향을 미친다는 것이다.[42] 음악과 읽기의 상관관계에 대한 그의 연구를 살펴보자.

음악과 집중력의 관계를 밝히기 위한 연구의 역사는 상당히 오래되었다. 공부할 때 들은 클래식 음악을 들려주자 성적이 높아졌다는 울프(Wolfe)의 실험, 소음을 제공하자 주의력이 흩어졌다는 메러비안(Mehrabian)의 실험 등은 우리에게 잘 알려진 실험들이기도 하다.[43][44]
카이거 교수는 기존의 연구에서 한발 더 나아가 음악 장르에 따라 읽기 이해도에 어떤 영향을 미치는지 알아보기로 했다. 그런 그에게 가장 필요했던 것은 음악도, 피험자도 아니었다. 그가 원한 것은 바로 외부세계와 격리된 실험 장소였다. 음악 이외에 다른 소리가 들릴 경우 실험을 망칠 수도 있었기에, 어찌 보면 당연한 바람일지도 모른다. 헤드셋에서 나오는 음악 외에 아무 소리도 들리지 않은 장소를 만났을 때 뛸 뜻이 기뻤다고 여러 번 말했다고 하니, 변인을 통제하는 것이 그의 실험에서 얼마나 중요한 것인지 알 수 있다.

실험실이라는 천군만마를 얻은 카이거 교수는 고등학교 2학년 학생 54명을 무작위로 선정했다. 이 학생들의 나이는 평균 15.5세였고, 부모님의 사회경제적 지위는 중간 정도에 해당했다. 이렇게 선정된 아이들은 헤드셋을 끼고 10분 정도 글을 읽었다. 이때 제공된 음악은 모둠별로 달랐다. 첫 번째 모둠에는 음역 폭이 좁은 전자오르간 소리로서 음악이라기보다 명상에 가까운 곡을 들려주었다. 두 번째 모둠에는 리듬이 다양하고 매우 역동적인 곡을 들려주었다. 그리고 세 번째 모둠에는 아무 소리도 흘러나오지 않는 헤드셋을 제공했다. 그들의 읽기 이해 정도는 어땠을까?

실험 결과, 조용한 음악을 들었던 첫 번째 모둠이 시끄러운 음악을 들었던 모둠에 비해 읽기 이해도가 높았다. '많은 자극이 인지 부하를 일으켜 글을 읽는 것을 방해한다'는 점에서 그리 놀라운 일은 아니었다. 그런데 특이한 점은, 첫 번째 모둠이 아무것도 듣지 않았던 세 번째 모둠과 비교했을 때도 점수가 높았다는 것이다. 공부할 때 아무 음악도 듣지 않는 것이 더 효율적이라는 기존의 통념을 뒤엎는 결과다. 이는 글을 읽고 해석하는 일 자체가 다른 것에 비해 자극이 낮은 것을 고려했을 때, 단순한 멜로디가 그 부족한 점을 채워 도리어 집중력을 높인 효과로 볼 수 있다.

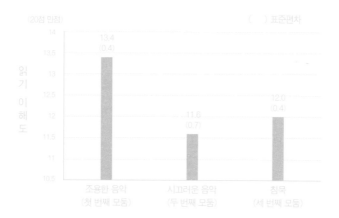

(20점 만점)   ( ) 표준편차

읽기 이해도

14
13.5
13
12.5
12
11.5
11
10.5

13.4
(0.4)

11.6
(0.7)

12.0
(0.4)

조용한 음악
(첫 번째 모둠)

시끄러운 음악
(두 번째 모둠)

침묵
(세 번째 모둠)

음악과 독해 능력의 상관관계 실험에서 조용한 음악이 시끄러운 음악이나 침묵보다 읽기 이해도를 높이는 것으로 나타났다.

또한 음악이 편안함을 제공하여 낯선 환경에 놓인 피험자들의 긴장을 풀고 스트레스를 낮춘 효과이기도 하다.

이 실험 결과를 가장 반기는 사람은 아이들일지도 모른다. 음악을 들으며 공부하는 아이들이 적지 않은 까닭이다. 도서관에서 이어폰을 끼고 있지 않은 아이를 찾는 것이 도리어 힘들 정도다. 시끌벅적한 카페에서 공부하는 아이들도 흔히 볼 수 있는 풍경이다. 요즘 세대에게 학습과 음악은 떼려야 뗄 수 없는 관계인 것이다.

그러나 문제는, 아이들이 좋아하는 비트가 빠르거나 쿵쾅거리는 음악은 학습 효과를 올리기는커녕 주의력을 해친다는 것이다. 카이거의 실험에서 보듯, 집중력을 높였던 음악은 느리고 부드러우며 어디선가에 한 번쯤 들어봤을 법한 멜로디였다. 실험을 마친 후 이와 비슷한 음악을 들어본 적이 있냐는 질문에 첫 번째 모둠의 79%가 '그렇다'라고 답했던 것이다. 내 아이의 학습 효율을 높이고 싶은가? 그렇다면 즐겨 듣는 음악부터 확인해보자. 단, '이렇게 해' 식의 강제는 아이에게 불만을 야기하기에 자발적인 마음부터 불러일으키는 것이 먼저다.

배경음악 활용은 이렇게!

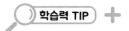

1. 어렸을 적, 등교 시간이면 학교에서 음악이 흘러나왔다. 최근에는 주민 민원으로 학교에서 동요나 클래식을 틀어주는 경우가 많이 줄어든 것이 사실이나, 할람(Hallam) 교수팀에 따르면 이런 행위가 아이들의 친사회적 행동을 높일 수 있다고 한다.[45] 10~12세 아이들에게 평온한 음악을 들려주자, 다른 사람에게 관심을 갖고 돕는 행동이 늘었다는 것이다. 이는 음악이 이타적인 행동에도 영향을 끼침을 의미한다. 단, 자극적이고 공격적인 음악은 오히려 이에 대한 각성 수준을 높인다고 하니, 피해야 할 것이다.

2. 단조로운 일을 앞둔 사람이 가장 먼저 음악부터 선곡하는 것을 종종 볼 수 있다. 이것은 일의 효율을 높일 수 있는 아주 과학적인 방법이다. 밝은 배경음악 하나로 일의 효율성은 물론 생산성까지 높아지는

것을 폭스(Fox) 교수팀이 확인한 것이다.[46] 주의력이 떨어질 때쯤 한 번씩 음악을 들려주는 것만으로도 일의 효율성과 생산성이 유지되었다고 하니, 지루한 일을 앞두고 있다면 음악을 활용해보는 것도 좋을 것이다.

3. 신나는 노래를 듣고 기분이 좋아졌던 경험이 한 번쯤은 있을 것이다. 쉘렌베르크(Schellenberg) 교수팀은 활기 있는 음악이 무엇을 하고자 하는 동기부여에 매우 효과적이라 말한다.[47] 모차르트 특유의 경쾌한 음악을 들은 후 IQ 검사를 했을 때가 알비노니의 느린 단조곡을 들었을 때보다 더 좋은 성적을 거두었다는 것이다. 이 외에 신나는 곡을 들은 모둠은 창의성을 요구하는 그림 그리기에서 더 오래 집중했다고 하니, 새롭거나 독창적인 작업 전에는 즐거운 음악 한 곡을 들어보는 것은 어떨까?

몰입하면 누가 업어가도 모를까

-몰입의 즐거움-

<u>05</u>

예슬이는 한번 무엇에 빠지면 헤어나오지 못하는 아이다. 수업이 시작돼
도 여전히 책을 읽고 있을 때가 많다. 무언가에 몰입하면 업어가도 모른
다는 말, 이럴 때 사용하나 보다.

몰입은 주변의 변화를 알아차리지 못하게 만든다.

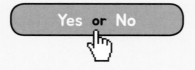

세상을 뒤흔들었던 사람들의 성공 비결은 무엇일까? 해답을 찾기 위해 다양한 분야의 유명인을 인터뷰하고 그 내용을 정리했던 마든(Marden)은 '몰입'이라 말한다. 마치 짜기라도 한 것처럼 모두가 몰입에 능했다는 것이다. 몰입과 관련된 연구를 살펴봐도 그 힘은 실로 대단하다. 우선 한 가지 일에 온전히 정신을 쏟아부을 수 있어 과제의 질과 외적인 성과가 뛰어나다. 아울러 집중을 해치는 주변의 자극에서 벗어날 수 있어, 내적인 만족감까지 선사하니 매력적임이 분명하다.

그런데 사람들은 자신의 집중력을 너무 무시한다. 몰입은 나와 상관없는 것이라 여기기도 한다. 정말 그럴까? 사람이 붐비는 공연장에 이제 막 들어섰다고 상상해보자. 머릿속은 온통 빈자리를 찾아야 한다는 생각뿐이다. 그 순간만큼은 빈자리 외에 아무것도 보이지 않는다. 심지어 친한 친구가 같은 공간에 있어도 말이다. 이게 바로 몰입이다. 사실 누구나 깊이만 다를 뿐 몰입은 이 순간에도 진행 중이다.

그런데 한 가지 궁금한 것이 생긴다. 같은 공간에 있던 친구를 발견하지 못했듯 무언가에 빠지면 주변에서 일어나는 일을 정말 알아차리지 못하는지 말이다. 일리노이대학교의 시몬스(Simons) 교수팀은 '그렇다'라고 말한다. '고릴라를 찾아라' 실험을 통해 몰입이 가진 특성에 대해 알아보자.[48]

연구팀은 실험에 활용할 하나의 비디오테이프를 제작했다. 비디오테이프의 배경은 세 개의 엘리베이터 문이 있는 은행 앞이었다. 그곳에는 흰색 또는 검은색 셔츠를 입은 여섯 명의 농구 선수가 서있었으며, 감독의 "큐" 소리에 맞춰 공을 주고받았다. 이 모습은 총 75초의 비디오에 담겼다. 그런데 45초쯤이 지났을 때 예상치 못한 사건 하나가 발생한다. 검은색 털로 온몸이 뒤덮인 고릴라가 왼쪽에서 오른쪽으로 걸어간 것이다. 5초 동안 천천히 걸어간 고릴라를 발견하지 못하는 것이 도리어 이상할 정도였다. 이 실험에 참여한 총 228명의 피험자도 당연히 이 고릴라를 보았겠지?

연구진은 228명의 피험자를 두 모둠으로 나눈 후, 앞서 제작한 비디오테이프를 틀어주면서 첫 번째 모둠에는 패스의 수를, 두 번째 모둠에는 땅에 닿은 것(바운스 패스)과 허공을 가로지르는 패스를 구분해서 셀 것을 요구했다. 두 번째 모둠에 더 어려운 임무를 부여한 셈이다. 그렇게 75초가 지나고 피험자들은 자신이 센 숫자를 종이에 적었다. 사실 여기까지는 준비 과정에 불과했다. 연구진이 궁금한 것은 '고릴라를 보았는가'였기 때문이다. 이에 추가 질문인 척, 공을 주고받는 농구 선수 여섯 명 외에 다른 것은 못 봤는지 물었다. 그 결과, 58%만이 험악한 표정의 탈을 쓴 고릴라를 보았다고 대답했다. 나머지 42%는 고릴라가 지나가는 것을 알아차리지 못한 것이다. 특히 까다로운 임무를 해결했던 두 번째 모둠에서 고릴라를 알아채지 못한 비율이 높았는데, 이로써 어려운 과제일수록 몰입력이 높아짐을 알 수 있다.

연구진은 가만히 걸어만 가는 고릴라의 행동 자체가 너무 단순해서 이런 현상이 발생한 것은 아닌지 알아보기 위해 추가 실험을 전개했다. 이번에는 걸어가다가 선수들 가운데서 멈춰선 뒤 카메라를 향해 가슴을 쿵쾅거리는 행동을 하게 했다. 고릴라가 등장하는 장면 또한 기존 5초에서 9초로 4초나 늘렸다. 그 결과는 어땠을까? 이 정도면 거의 모든 사람이 눈치채지 않았을까? 그런데 이번에도 오직 50%만이 고릴라를 알아봤다. 앞선 실험에 비해 도리어 떨어진 수치다. 걸어만 가는 고릴라의 행세가 덜 강력하기에 그랬을 것이라는 사람들의 의혹을 단번에 날려버리는 결과다.

이 실험을 통해 알 수 있는 한 가지는 우리의 집중력은 한계가 분명하다는 것이다. 패스 개수를 세어야 하는 임무를 수행하다 보니 무섭게 생긴 고릴라가 등장해도 모를 정도로 말이다. 아이들도 마찬가지다. 그들의 집중력은 어른들보다 더 한정적이다. 부족하나마 그것들을 한데 모아 학습에 쏟아야 비로소 도달하고자 하는 목표에 이를 수 있다. 그러나 매번 피부로 느끼듯 몰입은 쉽지 않다. 당신이 서툴러서가 아니다. 작은 뽀스락거림과 어디선가 풍겨오는 냄새만으로도 쉽게 깨져버리는 주의력 탓이다. 공부하는 한 시간, 한 시간이 집중력을 깨기 위한 팽팽한 싸움인 셈이다. 그럼, 어떻게 하면 아이들의 몰입력을 높일 수 있을까? 지금부터 학습에 푹 빠지게 할 세 가지 비법을 알아보자.

1. 몰입을 잘하는 사람들의 특징 가운데 한 가지는 내적 동기가 강하다는 것이다. 학습이나 주어진 과제를 해결하고자 하는 욕구가 본인의 내면에서 스스로 일어나야 비로소 그것에 흠뻑 젖을 수 있다는 의미이다. 그럼, 아이들의 내적 동기를 어떻게 유발할 수 있을까? 가장 좋은 방법은 아이를 학습의 주인공으로 초대하는 것이다. 본인이 주인공인데 몰입에 빠지지 않는 것이 도리어 이상하지 않겠는가. 이는 최근 학생참여형 수업이라 불리는 수업 개선 운동과 맥을 같이한다. 교사가 단독으로 가르침을 주던 강의식 수업에서 벗어나 토론이나 탐구, 놀이 등 다양한 교수법을 통해 배움이라는 최종 목적지에 안전하게 도착할 수 있도록 도와야 한다. 한 가지 분명한 점은, 가르치는 사람이 변해야 진정한 배움이 일어난다는 것이다.

2. 서울대학교 교육연구소 김은지에 따르면, 몰입은 내적 동기 이외에도 다양한 것에 영향을 받는다고 한다.[49] 특히 주어진 과제를 해결할 수 있을 때(학습 효능감), 오늘 배운 내용이 자신의 진로에 도움이 된다고 생각할 때(학습 가치), 질문이 자유로울 때(학습 분위기) 몰입도가 높아진다고 하니, 아이들의 학습을 도와줄 때 이런 것들을 고려해보자.

3. 결국 몰입이 가장 필요한 순간은 학습할 때다. 공부에 폭 빠지는 것이야말로 다른 방해요인으로부터 자유로워지는 방법일 테니 말이다. 이

렇게 되기 위해서는, 먼저 집중을 방해하는 요인들은 찾아 제거하는 것이 좋다. 이전 시간에 사용했던 학습자료나 도구 등을 눈앞에서 치움으로써 집중력을 높이는 것이다. 사소한 것이 아이들의 집중력을 앗아감을 잊지 말자.

뇌 전체를
사용할 방법은 없을까
-시를 통해 두뇌와 감성 깨우기-

06

요즘 하루에 시 한 편 읽기에 도전 중이다. 이러한 경험이 깊은 생각에 도움이 됨을 느낀다. 정말 시가 잠자던 내 뇌를 깨운 것일까?

시 읽기는 잠자는 뇌를 깨운다.

Yes or No

은유적 표현이 담긴 시를 읽는 것은 우뇌와 좌뇌를 동시에 활성화한다.

흔히 책을 마음의 양식이라 부른다. 영양분을 골고루 갖춘 음식이 몸을 튼튼하게 하듯 책에 담긴 지식과 지혜 그리고 다양한 경험들이 사람들의 마음을 풍요롭게 만들어서이다. 이처럼 한 대상을 다른 것에 빗대어 표현하는 방법을 은유법이라 한다. 은유법이 대단한 까닭은 '인생은 여행이다' 같이 한마디로 설명하기 어려운 우리의 삶을 언어로 표현 가능토록 개념화하기 때문이다. 최근에는 이런 은유법이 학습에 미치는 영향에 대해 활발히 연구되는 추세다. 튀빙겐대학교의 라프(Rapp) 교수팀의 연구를 살펴보면서 은유가 주는 이점에 대해 알아보자.[50]

은유는 일반적인 문장보다 더 많은 생각을 하게 만든다. 전혀 상관없는 두 단어가 조화를 이루기에 연계 작업이 필요한 것이다. 다른 언어 능력에는 문제가 없었던 뇌병변 장애나 정신분열증 환자가 은유적인 표현을 이해하는 데는 장애를 겪었다는 연구도 있다. 라프 교수팀은 이러한 점에 주목했다. 일반 문장과 은유적 표현을 해석할 때의 뇌의 반응이 다를 것이라 예상한 것이다. 연구진은 이를 알아보기 위해 'A는 B이다' 형식의 간단하고 짧은 독일어 문장을 준비했다. 이들 문장의 절반은 '연인의 속삭임은 하프 소리'와 같이 은유적 의미를 지녔고, 나머지 반은 '연인의 속삭임은 거짓말' 같이 은유와 전혀 상관없는 문장들이었다.

모든 준비를 마친 연구팀은 문장을 읽는 피험자의 뇌를 fMRI로 촬영하기 시작했다. 그 결과, 은유적 문장과 그렇지 않은 문장 모두 브로카 영역이라 불리는 좌측 하전두회(inferior frontal gyrus)가 강하게 반응하는 것을 발견했다. 언어를 구사하고 이해하는 데 관여하는 부분이 반짝인 것이다. 그런데 놀라운 것은 은유법이 포함된 문장을 읽은 뇌는 여기서 멈추지 않았다는 것이다. 하전두회 이외에도 청각 기능이 집약된 좌측 측두엽까지 활성화됐는데, 이는 단일 영역을 활성화했던 일반 문장과는 분명 다른 현상이었다.

사실 이 연구가 세상에 나오기 전까지는 은유적 표현은 우반구에서 처리되는 것으로 여겨졌었다. 우뇌의 여러 영역이 힘을 합쳐 그 의미를 추론하고 이해한다는 것이 정설이었던 것이다. 그러나 라프 교수팀은 우리의 뇌는 은유적 표현을 이해할 때 우뇌뿐만 아니라 좌뇌 또한 힘을 더한

(출처: A. M. Rapp et al., 2004, 인용)

은유적 표현은 좌측 하전두회뿐만 아니라 좌측 측두엽을 활성화했다.

다고 말한다. 뇌 손상 환자를 대상으로 진행된 추가 연구에서도 왼쪽 측
두엽에 문제가 있는 사람들은 은유적 표현을 잘 이해하지 못한다는 것이
밝혀지기도 했다. 그동안의 통념과 달리 은유는 좌뇌와 우뇌 모두를 활
성화시킨 셈이다.

그럼 뇌 활성화에 효과적인 은유를 어떻게 학습에 이용할 수 있을까? 은
유법이 가장 많이 등장하는 곳을 생각해보자. 문학의 한 장르인 시가 떠
오르지 않았는가. 시는 음률이 담긴 짧은 문구 안에 삶의 지혜나 생각을
녹여내기에 비유의 낙원이라 표현하기도 한다. 은유법이 살아 숨 쉬는
곳이 다름 아닌 시인 것이다. 그래서일까, 최근 시가 가진 힘을 교육에
활용하기 위한 다양한 시도들이 일고 있다. 아침 시간에 한 편의 시를 나
눠 읽기도 하고 국어 교과서 대신 시로 문학적인 힘을 함양하는 교실도
있다. 뇌를 깨우기 위한 다양한 시도가 진행되고 있는 것이다. 만약 그동
안 시집을 멀리했다면 오늘부터 시가 주는 이로움을 즐겨보는 것은 어떨
까? 아이들의 뇌는 하늘을 수놓는 별보다 더 반짝거릴 것이다.

시를 활용한 학습은 이렇게!

1. 시가 주는 이로움이 이렇게 많은데 왜 우리는 그토록 멀리하는 것일
   까? 입시의 영향이 적지 않다. 높은 시험점수를 얻기 위해 그 내용뿐
   만 아니라 해석까지 모조리 외워야 하니 여유롭게 즐길 틈이 없는 것
   이다. 시가 주는 아름다움에 젖고 싶은가? 그렇다면 시는 외워야 한다

는 고정관념부터 깨도록 하자. 암기라는 공식이 존재하는 한 시는 계속 숙제로 남아 있을 것이다.

2. 고정관념을 버렸다면 이제는 시를 읽고 교감하는 단계로 넘어가도 좋다. 시에 드러나 있거나 숨겨진 감정을 바탕으로 경험을 나눔으로써 서로의 정서에 참여하는 것이다. 이러한 추체험(追體驗)은 감정이입은 물론 공감 능력까지 높인다니 한번 체험해보자.

3. 과학 잡지 『사이언스』에 좌측 하전두회의 활성화와 기억의 상관관계를 밝힌 연구가 실려 사람들의 이목을 끈 적이 있다. 바로 와그너(Wagner) 교수팀의 '기억 쌓기'라는 연구였다.[51] 단어의 의미를 파악하게 한 뒤 fMRI로 촬영해본 결과 좌측 하전두회가 크게 활성화된 경우에는 그 단어를 오랫동안 기억했지만 그렇지 않았을 때는 쉽게 잊어버렸다는 것이다. 아이의 어휘력이 걱정이라면 시를 적극적으로 활용해보자. 시 속에 포함된 은유적인 표현이 좌측 하전두회뿐만 아니라 뇌 전역을 활용하게 함으로써 기억률을 높일 테니 말이다.

딴생각하는 아이는 행복할까

-정신적으로 방황하는 아이 지도하기-

07

기업이는 공부에 별로 흥미가 없다. 수업 시간에 책에 낙서를 하거나 딴 생각하기 일쑤다. 그것을 지켜보는 나의 마음은 답답하지만, 그래도 딴 생각에 푹 빠져 있는 동안 기업이는 행복하겠지?

딴생각하는 아이는 자기만의 상상 세계에
빠져 있기에 행복하다.

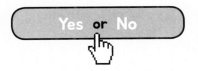

딴생각은 '지금 여기에' 집중하지 못하고 있다는 죄책감을 일으켜 사람을 불행하게 한다.

당신이 오늘 강의를 듣고 있다고 가정해보자. 그런데 아뿔싸, 이제까지 들은 강의 중 가장 따분한 게 아닌가. 머릿속은 '오늘 저녁에 뭐 먹지?'라는 생각이 온통 맴돈다. 마음이 콩밭에 가 있는 것이다. 강의를 위해 열심히 준비한 강사의 열정이 수포가 되는 참담한 현장이다.

매우 불행하게도, 이런 일은 초등학교 교실에서도 비일비재하다. 모든 아이가 두 귀를 쫑긋거리며 수업을 듣는다는 것 자체가 애초에 말이 되지 않는 일일지도 모르겠다. 그럼 딴생각 중인 아이는 행복할까? 관심 없는 것을 들으며 스트레스 받는 것보다 자신이 좋아하는 것을 생각하며 시간을 보내는 것이 행복 면에서는 더 나아 보인다. 그러나 방황하는 마음을 연구한 하버드대학교 킬링스워스(Killingsworth) 교수팀은 그렇지 않다고 말한다. 그들이 그렇게 말하는 까닭을 '방황하는 마음은 불행하다'라는 연구를 통해 살펴보자.[52]

킬링워스 교수팀은 연구에 앞서 수십만 개의 데이터를 수집할 수 있는 스마트폰 애플리케이션을 만들었다. 인간의 행동과 심리를 연구하는 심리학에 애플리케이션이라니 둘의 조합이 낯설다. 더구나 대용량의 데이터베이스를 구축하기 위해서는 큰돈이 필요하다. 그런데도 과감한 투자를 서슴지 않은 까닭은 그동안의 심리 실험이 가진 시공간의 제약이라는 문제에서 벗어나고자 한 것이다. 이제까지의 실험을 떠올려보자. 대개 작은 공간에서 한정된 인원을 대상으로 진행된다. 그렇다 보니 제약이 많아질 수밖에 없고 재현율은 떨어질 수밖에 없다. 유명한 100개의 심리 실험을 다시 해본 결과 재현율이 40%대에 머물렀다는 충격적인 연구도 있을 정도다. 그도 그럴 것이 단 몇십 명으로 수백만, 수천만 인간의 행동과 심리 반응을 설명하고 예측한다는 것 자체가 무리가 따를 수밖에 없다. 더불어 일상생활에서의 심리상태를 알기 위해서는 실험실보다는 가정, 회사 같은 생활 터전이지 낫지 않겠는가. 애플리케이션으로 대량의 표본과 현재의 마음 상태를 온전히 잡겠다는 연구진의 바람은 현실로 됐을까?

실험은 성공적이었다. 86개의 주요 직업, 약 5,000명으로부터 약 25만 개의 표본을 순식간에 모을 수 있었다. 연령 범위 또한 18세에서 88세까지로 매우 넓었다. 여기에는 알람이 울리면 지금 무엇을 하고 있는지, 딴 생각하고 있지는 않은지, 지금 이 순간 행복한지 불행한지를 답변하면 되는 단순한 애플리케이션도 한몫했다. 그 결과, 흥미로운 몇 가지 사실을 발견했다. 첫째, 사람들은 육체적 관계를 나눌 때 가장 행복하다고 대답했다. 유일하게 90점이 넘는 점수를 기록했다. 그다음은 운동, 대화 나누기, 놀이, 음악 듣기 순이었다. 사람들은 언제 불행하다고 느꼈을까? 22개 항목 중 최하위를 차지한 것은 아이러니하게도 휴식할 때였다. 치열하게 살아오던 나에게 주어진 휴식을 제대로 누리지 못하고 있다는 죄책감과 허무함이 찾아온 결과로 설명할 수 있다.

(출처: MA Killingsworth, DT Gilbert, 2010, 인용)

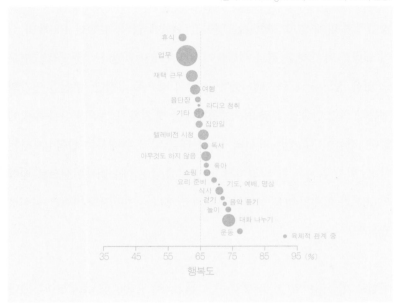

삶의 만족도를 조사해본 결과, 사람들은 육체적 관계를 나눌 때 가장 행복을 느끼는 것으로 드러났다. 그다음은 운동, 대화 나누기였다. 한편, 사람들은 휴식할 때 가장 불행하다고 대답했는데, 현재의 쉼에 만족하지 못함에서 기인한 현상이다.

흥미로운 사실 두 번째는, 응답자의 46.9%가 지금 하는 일과 상관없는 생각을 하고 있다는 것이었다. 육체적 관계를 나누는 일을 제외한 모든 활동에서 30% 이상의 사람들이 현재의 일에 집중하지 못하고 있다고 응답한 것이다. 이는 이제껏 실험실에서 진행되는 데이터에 비해 상당이 높은 수치였다. 통제된 환경보다 일상생활에서 더 많은 집중력을 잃는 것을 알 수 있다.

그런데 사람들은 어떤 딴생각을 하며 시간을 보냈을까? 여행 등 즐거운 추억(42.5%)을 떠올린 사람이 가장 많았다. 그다음으로는 중립적인 주제 (31%), 불쾌한 주제(26.5%) 순이었다.

흥미로운 사실 세 번째는, 마음이 방황할 때 사람들은 불행하다는 것이다. 애플리케이션 알람이 울렸을 때 딴생각 중이라고 응답한 사람들은 그렇지 않은 사람에 비해 행복하지 않다고 대답했다. 현재의 삶에 집중하지 못하고 있다는 죄책감의 결과다. 딴생각에 빠진 사람 중에는 즐거운 생각을 한 사람들도 있었다. 그들의 행복도는 그냥 멍하니 앉아 있거나 과거의 안 좋은 일을 떠올린 사람보다 나았다. 그리고 불쾌한 일을 떠올렸던 사람들은 정신적 방황에 잊고 싶었던 경험의 재생이 더해져 심한

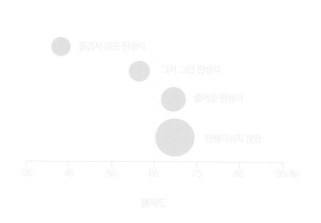

출처: MA Killingsworth, DT Gilbert, 2010, 인용

즐겁지 않은 딴생각

그저 그런 딴생각

즐거운 딴생각

딴생각하지 않음

35   45   55   65   75   85   95(%)

행복도

킬링스워스 교수팀은 딴생각이 사람을 불행하게 만듦을 밝혀냈다. 특히 그 생각이 즐겁지 않을 때 행복도는 급격히 감소했다. 현실과 상상의 세계에서 모두 만족감을 느끼지 못한 결과라 할 수 있다.

불쾌감을 호소하기도 했다. 방황하는 마음은 불행한 일임이 틀림없다.

딴생각이 주는 불행이라는, 조금 마음 아린 주제에 대해 알아보았다. 교사로서 나는 어떻게 하면 효과적으로 배움에 도달할 수 있을까를 늘 고민하고, 수업 설계와 진행에 많은 정성과 시간을 쏟는다. 가르치는 일을 잘한다는 평가도 꽤 받는다. 그러나 수업을 하다 보면 아이들의 집중력이 흩어지는 것을 느끼곤 한다. 그때마다 내가 사용하는 방법은 '주의력 환기'다. 환기를 통해 탁한 공기를 맑은 공기로 바꾸듯, 집중력이 저하되는 시점을 정확히 파악하여 지적 호기심을 자극할 수 있는 것을 새로이 투입함으로써 다시 배움에 힘을 쏟을 수 있는 분위기를 만드는 것이다. 딴생각을 온전히 막을 수 없다면 잠시 길을 잃은 집중력을 그때그때 제자리로 돌려놓으면 되지 않겠는가. 지금부터 효과적인 주의력 환기 방법에 대해 알아보도록 하자.

주의력 환기는 이렇게!

1. 가족과 함께 외식을 하러 번화가로 나왔다고 가정해보자. 아무래도 새로 들어선 식당이나 새로운 메뉴로 무장한 가게가 눈에 들어올 것이다. 새로움이라는 요소가 이목을 끈 것이다.
   새로움이란 요소는 집중력을 높이는 데도 매우 효과적이다. 학습 중간중간에 아이들의 이목을 주목시킬 수 있는 새로운 사건이나 흥미로운 연구 결과를 소개함으로써 학습 의욕을 다시 불태우는 것이다. 단, 주

의력 환기라는 목적 아래 주어지는 정보가 학습 주제와 너무 동떨어져
서는 안 된다. 주의를 끌기에는 효과적일지 몰라도 다시 학습의 중심
으로 돌아오려면 많은 시간이 필요할 수 있기 때문이다.

2. 공부란 내 머릿속에 지식을 만들고 보관하며 회상하는 행위다. 그런
데 왜 누구는 공부를 잘하고 누구는 못하는 것일까? 정답은 주의력에
있다. '정보입수 → 지식생성 → 장기보관 → 회상'의 각 과정에 집중하
는 아이가 공부를 잘하는 것이다. 이때 흥미로운 점 하나는, 다음 단계
로 넘어갈 때 하나의 사건이나 정보가 더해지면 학습이 더 잘 이루어
진다는 것이다. 커피 향이 은은하게 퍼지는 공간에서 읽었던 책의 내
용이 더 오랫동안 기억에 남는 것이 한 예다. 이는 주의력 환기 측면
에서도 유용하다. 집중력이 떨어질 즈음에 하나의 정보를 더해 현재
를 특별하게 만듦으로써 집중력과 함께 주의력을 높일 수 있다. 집에
서 공부를 하거나 책을 읽던 아이들의 집중력이 낮았다면 달콤한 초콜
릿을 이용해보자. 현재의 학습 내용에 '달달함'이라는 특별함이 더해져
학습 효율을 높일 수 있다.

3. 당신은 창문을 자주 여는 편인가? 실내 공기의 질에 따른 인지 능력
을 연구한 하버드대학 앨런(Allen) 교수팀은 건강과 집중력을 모두 잡
고 싶다면 환기를 자주 하라고 말한다.[53] 24명의 피험자를 실외에 있
을 때의 이산화탄소 농도(550ppm)와 보통 사무실의 이산화탄소 수준
(1400ppm)에 노출해본 결과, 이산화탄소가 높은 곳에서 인지처리 능

력이 현저히 반감된다는 사실을 발견했다. 특히 고농도의 이산화탄소는 정보 사용 능력에 가장 많은 타격을 입힌다고 한다. 그러니 아이가 공부하는 방의 창이 꽉 닫혀 있다면, 지금 당장 창문을 활짝 열어보는 것은 어떨까?

위약 효과,
학습에서도 유효할까
-위약 효과가 학습에 끼치는 영향-

08

신문 기사를 읽다 '위약 효과'를 접했다. 그 순간 시험 때마다 덜렁거리다 아는 문제도 틀리는 아이가 생각났다. 집중력을 올려주는 약이라 속이고 비타민을 먹이면 효과가 있지 않을까?

위약은 집중력 향상에 도움이 된다.

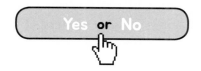

위약 효과(placebo effect), 한 번쯤 들어본 적이 있을 것이다. 프랑스의 약사 쿠에(Emile Coué)가 발견한 이 효과는 한 사람의 부탁으로부터 시작된다. 하루 일과를 마치고 휴식을 취하던 그에게 찡그린 얼굴로 자신을 찾아온 지인이 통증을 줄여줄 약을 지어달라고 부탁했다. 처방전 없이 약을 줄 수는 없어서 고민을 하다가 기지를 발휘하여 인체에 해가 없는 포도당 알약 한 알을 쥐어주며, 다음 날 꼭 병원에 가라고 한 후 돌려보낸다. 그렇게 며칠 뒤 다시 그 지인을 만나 이야기를 나누던 중 신기한 말을 듣게 된다. 자기가 준 가짜 약을 먹고 거짓말처럼 통증이 사라졌다는 것이다. 이후 쿠에는 자기암시가 가진 힘에 대해 연구했고, 이에 위약 효과라는 이름을 붙이게 된다.

긍정적인 믿음을 바탕으로 하여 신체적 고통이나 병을 낫게 하는 위약 효과는 현재 의약계에서 두루 쓰이고 있다. 위스콘신대학교 바렛(Barrett) 교수팀의 연구만 해도 그렇다. 바렛 교수팀은 감기 환자 719명을 무작위로 분류하여 평범한 약을 특별한 감기약이라고 믿게 하니, 2.5일이나 더 빨리 나았다는 것이다.[54] 이는 감기약을 먹었을 때(6.3일)와 그렇지 않았을 때(7일)의 낫는 기간이 고작 반나절 차이밖에 나지 않는 것과 비교했을 때 훨씬 빠른 호전이다.

그래서일까, 최근 믿는 대로 이루어진다는 위약 효과를 심리학이나 교육 분야에 적용하는 연구가 늘고 있다. 그중 자기 자신에 대한 믿음이 부족해 능력을 제대로 펼치지 못하고 있는 아이들에게 도움이 될 브뤼셀 자유대학교 마갈레스(Magalhaes) 교수팀의 연구를 살펴보도록 하자.[55]

미갈레스 교수팀의 연구 논문은 많은 사람들의 좌우명이기도 한 'Where there is a will there is a way(뜻이 있는 곳에 길이 있다)'라는 말로 시작된다. 이 말처럼 의지만 있다면, 이루고자 하는 일을 정말 해낼 수 있는지를 알아보기로 한 것이다. 그런데 문제는 피험자가 어떻게 의지를 갖게 하느냐였다. 요술봉을 휘두르며 지금부터 지능이 향상될 것이라는 말을 해봤자 비웃음을 당할 것이 뻔했기 때문이다.

이에 연구진은 치밀하고도 믿을 수밖에 없는 거짓말을 꾸며내기로 했다. 우선 피험자가 필요했다. 웹사이트를 통해 의학이나 심리학 분야로부터 먼 직업군에 있고 뇌파에 대해 전혀 알지 못하는 사람들을 피험자로 모집했다. 그렇게 모집된 피험자들은 우편으로 발송된 과학 논문을 읽었다. 뇌파와 기억력이란 주제로 작성된 이 논문은 전문가가 보기엔 엉터리겠지만, 뇌파에 생소한 이들에게는 신기함 그 자체였다. 특히, 적재적소에 배치된 사진과 그래프는 우리의 뇌가 특정 전기자극으로 바뀔 수 있으며, 이는 지능 향상으로 이어진다는 확신을 주었다.

마갈레스 교수팀은 이것으로도 모자랐는지 미리 보낸 과학 논문의 내용을 제대로 숙지하지 못하면 실험 불참은 물론 보수를 받지 못할 것임을 강조했다. 이미 귀한 시간을 낸 피험자들 또한 그 일만은 피하고 싶었을 것이다. 연구팀은 피험자의 믿음을 배가시키기 위해 대기 장소인 복도와 시험장에 과학 포스터를 부착했다. 피험자가 쓰게 될 뇌파를 탐지하는 모자(EEG-Cap)에 여러 개의 전깃줄을 달아 그럴듯하게 보이게 하는 것도 잊지 않았다. 이제 남은 것은 피험자가 속는 것뿐이었다.

고대하던 실험 당일, 연구진은 자신들을 찾아온 피험자들을 두 모둠으로 나눈 뒤 첫 번째 모둠에는 모자를 쓰는 순간 색상과 관련된 지능이 높아질 것(긍정적인 믿음)임을, 두 번째 모둠에는 낮아질 것(부정적인 믿음)임을 알렸다. 실험이 끝나고 피험자 인터뷰가 진행됐다. 각종 기계로 가득한 실험실에서 흰색 가운을 입은 연구진과 차분하게 인터뷰가 진행되었는데, 피험자들은 모자의 기능을 전혀 의심하지 못했다고 대답했다. 피험자를 속이기 위한 연구진의 그동안의 노력이 헛되지 않은 셈이다.

학습에서의 위약 효과 실효성을 확인하기 위해 사용한 방법은 다름 아닌 스트룹이었다. 스트룹은 앞서 '지저분한 책상에서 공부가 잘될까?' 편에서 인지처리 속도 측정에 쓰였던 방법이다. 스트룹의 탄생에는 숨겨진 이야기가 있다. 스트룹이라는 이름 때문에 많은 사람이 조지피바디대학의 스트룹(Stroop) 교수가 이 현상을 처음 발견한 것으로 생각한다. 그러나 그는 영어로 최초 보고한 사람일 뿐, '단어의 의미와 그 색깔이 일치하지 않을 때 이를 읽는 속도가 느려진다'는 것을 최초로 문서화하여 보고한 사람은 독일의 옌슈(Jaensch)로, 1929년의 일이었다.[56] 두뇌 훈련이라는 목적 아래 많은 아이들이 해봤을 스트룹, 우리도 한번 해보자.

다음에서 (가) 글자는 무슨 색인가?

(가)	(나)
흰색	검정

혹시 '흰색'이라 대답하지 않았는가? 다시 한 번 살펴보자. 글자의 색은 분명 검은색이다. (나)처럼 글자와 색상이 일치했을 때는 식은 죽 먹기인 문제가 글자와 색상이 다르니 처리하기에 까다로운 과제가 되어버렸다. 그래서일까, 100개의 단어로 이와 같은 실험을 해보니, 색깔이 같았을 때보다 그렇지 않을 때 시간이 5.6% 정도 더 걸렸다고 한다.[57]

이러한 차이는 시각 정보에 의해 발생하는 자동적 사고(automatic thoughts)에서 기인한다. (가)를 보는 순간 사람들은 검정을 떠올린다. 글자의 의미보다는 색상 정보가 더 원초적이기에 자기도 모르게 '검정'이라는 생각이 머릿속을 차지해버리는 것이다. 그러나 이내 그것이 답이 아님을 알아차리고 글자의 의미에 주의를 기울여 '흰색'이라고 정답을 답하게 된다.

이처럼 스트룹은 '보이는 대로 말하고자 하는 무의식과 이를 짓누르는 의식 간의 싸움'이라 할 수 있다. 그렇다면 색상지능을 높여준다는 모자와 반대의 성능을 낸다는 모자를 쓴 피험자들의 스트룹 해결 능력은 어땠을까?

실험 결과는 한마디로 일체유심조(一切唯心造)였다. '모든 것은 오로지 마음이 지어낸다'는 그 뜻처럼, 지금 쓰고 있는 모자가 시각 능력을 높여준다고 믿자 실수가 3.33%에서 2.07%로 줄어들었다. 반면에 두 번째 모둠에서는 3.16%에서 4.71%로 오답률이 늘었다.

이 같은 실험 결과로 보아, 일상에서 의사가 약을 제대로 처방했어도 환자가 의심을 품으면 약효가 크게 떨어지거나 나타나지 않는 노시보 효과(nocebo effect)가 얼마나 무서운지 상상할 수 있다. 노시보 효과는 아이들의 학습이나 자존감으로 이어질 수 있기에 이와 관련한 말은 특별히 조심할 필요가 있다.

위약 효과를 노린다면 이렇게!

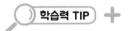

1. 중요한 프레젠테이션을 앞두고 있다고 상상해보자. 불안한 마음에 시계만 쳐다보게 될 것이다. 그러자 옆 사람이 사탕 한 개를 꼭 쥐어주며 괜찮을 것이라고 말해준다. 정말 그의 말처럼 불안이 씻은 듯 날아갈까? 성의는 고마우나 이것만으로 위약 효과를 기대하긴 힘들다. 단것이 불안을 떨쳐줄 것이라는 믿음이 나에겐 없기 때문이다. 마갈레스 교수팀만 해도 피험자의 믿음을 사기 위해 얼마나 많은 공을 들였는가. 위약 효과를 기대한다면 구체적인 근거를 드는 것이 좋다. 예를 들어 "단것을 먹으면 긴장이 줄어든대"라고 말하기보다 "단것이 신경을 안정시켜주는 세로토닌을 분비해 곧 괜찮아질 거야"라고 말하는 것이 좋다. 위약 효과는 믿음이 가장 중요함을 잊지 말자.

2. 파킨슨병 환자 12명을 대상으로 위약 효과를 증명한 에스페이(Espay) 교수팀은 "피험자가 약이 귀하다고 여기는 만큼 그 효능 또한 높아질 것"이라고 말한다.[58] 같은 식염수를 한 그룹에는 100달러, 다른 한 그룹에는 1,500달러라고 말한 후 투입하자, 후자에서 더 활발한 운동 척도 결과가 나왔다는 것이다. 이는 위약을 소개할 때 과장해 표현하는 것이 효과적임을 의미한다.

3. 무기력한 아이에게 용기를 북돋워주기 위해 위약 효과를 적용한 적이 있다. 그런데 전혀 효과가 없는 것이 아닌가. 홀(Hall) 교수팀은 위약 효과가 통하지 않는다면 그것이 유전적인 영향일 수도 있다고 주장한다.[59] 플라시봄(placebome) 유전자를 보유하고 있지 않은 사람은 위약이 별 효과가 없다는 것이다. 혹 위약 효과가 미미하다면 플라시봄 유전자의 부재를 의심해보자.

이미지 트레이닝
효과가 있을까

-학습력을 높이는 이미지 트레이닝 방법-

09

큰 시합을 앞둔 운동선수는 당일에 있을 경기를 머릿속으로 그려보며 이미지 트레이닝을 실시한다고 한다. 이러한 행위가 경기력 향상에 도움이 된다는 것이다. 그렇다면 악기 연주나 시험 같은 분야에도 상상의 힘이 통하지 않을까?

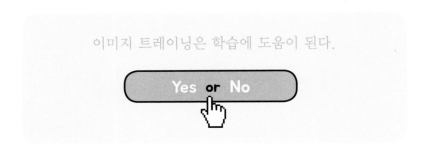

이미지 트레이닝은 학습에 도움이 된다.

Yes or No

악기 연주 실력은 하루아침에 늘지 않는다. 꾸준한 노력과 연습이 뒷받침되어야 한다. 피아노를 예로 들어보자. 피아노를 치려면 먼저 악곡을 읽을 수 있어야 한다. 곡이 가진 특성을 파악함으로써 연주를 준비하는 것이다. 악곡을 해석했다면 이제는 손가락을 움직일 차례다. 근육을 움직이고 통제하는 대뇌 운동 피질의 명령을 기다려야 한다. 손가락 운동을 통해 만들어진 음은 청각을 통해 다시 뇌에 입력되고, 계획된 대로 연주가 되고 있는지 판단한다. 이 모든 것이 조화를 이뤄야 그제야 아름다운 선율이 흘러나오는 것이다. 그래서 아름다운 연주란 수많은 기관의 합동 작업인 셈이다.

하버드대학교 파스쿠알 레오네(Pascual-Leone) 교수팀도 이런 점에 주목했다.[60] 악기 연주가 단순한 손가락의 움직임이 아니라 생각한 것이다. 레오네 교수팀은 악기 연주 연습 방법과 운동 피질의 관계를 알아보고자 피험자들을 모집했다. 모집된 사람들은 총 18명이었으며, 피아노라곤 단 한 번도 쳐본 적이 없는 사람들이었다. 아울러 피아노 연주와 같이 섬세한 손가락 움직임과는 전혀 상관없는 직업을 갖고 있었다.

연구진은 이들 피험자들에게 피아노를 연주하는 방법을 설명했다. 연주 방법은 매우 간단했다. 엄지로 '도'를, 검지로 '레'를, 중지로 '미'를 치면 됐다. 메트로놈 박자에 맞춰 '도'부터 '솔'까지, 그리고 반대로 '도'까지 돌아오면 그만이었다. 간단해 보여도 일평생 피아노를 쳐보지 않은 사람들에게는 결코 쉬운 일이 아니었을 것이다.

연주 방법을 알려준 연구진은 피험자들을 두 모둠으로 나눴다. 그리고 실험이 진행되는 5일 동안 매일 2시간씩 연습을 하게 했다. 단, 각 모둠의 연습 풍경은 달랐다. 첫 번째 모둠은 2시간 동안 앞서 배운 것을 복습하고 또 복습했다. 이런 혹독한 연습 뒤에는 꼭 시험이 뒤따랐으며, 더 나은 연주 실력을 위한 피드백이 이어졌다. 두 번째 모둠은 첫 번째 모둠과 달리 자유가 허락됐다. 자신이 치고 싶은 것이면 모조리 칠 수 있었다. 단, '도→레→미→파→솔'처럼 순차적 연습만은 금지했다. 드디어 5일째, 최종 시험이 진행되었다. 두 모둠의 연주 실력은 어땠을까?

모두의 예상대로 연습과 피드백을 병행한 첫 번째 모둠의 실력이 월등했다. 한 박자에 한 개의 건반이라는 기본 원칙을 가볍게 무시했던 첫째 날과 비교해 박자감은 물론 건반을 누르는 시간까지 일정했다. 메트로놈의 리듬과도 정확히 일치했다. 5일 만에 엄청난 변화를 보인 것이다. 사실 여기까지는 당연한 결과였다. 같은 부분을 수없이 연습한 모둠이 그렇지 않은 모둠에 비해 잘하는 것은 어린아이도 알 수 있는 내용이니 말이다.

놀라운 것은 운동 피질의 변화였다. 상식적으로 생각하면, 같은 시간 동안 피아노를 연주했기에 두 모둠의 운동 피질의 활성화 정도는 같아야한다. 그러나 연습과 피드백이 병행됐던 첫 번째 모둠의 뇌가 더욱 선명하게 반짝였다. 따라서 정확한 가르침과 목표, 현재 실력에 대한 피드백 없는 연습은 배움이 아니라, 어쩌면 단순한 놀이에 지나지 않았음을 의

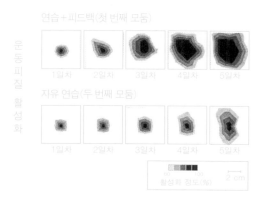

연습+피드백(첫 번째 모둠)

운동피질 활성화

1일차　2일차　3일차　4일차　5일차

자유 연습(두 번째 모둠)

1일차　2일차　3일차　4일차　5일차

활성화 정도(%)　2 cm

피아노와 일면식 없는 피험자가 5일 동안 피아노 연습을 한 결과, 자유 연습보다는 정해진 목표와 적절한 피드백이 있을 때 운동 피질이 더 많이 활성화됐다.

미한다고 볼 수 있다.

교수팀은 한 가지 실험을 더 진행하기로 했다. 상상하는 것만으로 운동 피질에 영향을 줄 수 있는지 알아보기로 한 것이다. 연구진은 실제로 피아노 연습을 할 첫 번째 모둠과 피아노 건반을 치는 자신과 그 소리를 상상할 두 번째 모둠, 그리고 아무것도 하지 않는 세 번째 모둠을 꾸렸다. 5일 뒤, 피험자들의 연주 능력은 어땠을까?

최종 시험은 앞선 실험과 마찬가지로 연습과 피드백을 병행했던 첫 번째 모둠의 실력이 가장 우수했다. 그럼 연주하는 자신과 그 소리를 상상했던 두 번째 모둠의 노력은 헛수고였을까? 아니었다. 첫 번째 모둠에 비할 바는 아니었지만, 아무것도 안 한 세 번째 모둠에 비하면 운동 피질이 크게 활성화되었다. 심지어 앞선 실험의 자유 연습 모둠보다 운동 피질이 더 활성화된 경향을 보였다.

이제까지 상상이 가진 힘을 알아보았다. 혹자들은 가만히 앉아 있는 것만으로는 꿈을 이룰 수 없다고 한다. 나 또한 이 연구를 만나기 전까지만 해도 그 말이 진실이라 여겼다. 하지만 이제는 자신 있게 '반은 맞고 반은 틀리다'고 말할 수 있다. 아무것도 하지 않는 사람은 정말 아무것도 하지 못한다. 그러나 훗날 성공할 자신의 모습을 그리고 있다면 그에게는 무한한

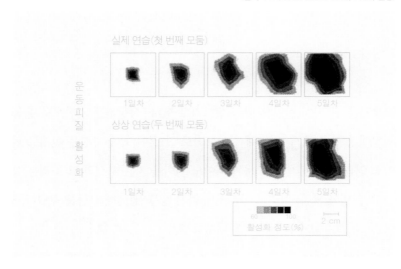

(출처: A Pascual-Leone et al., 1995, 인용)

5일 동안 피아노를 연주하는 자신과 그 소리를 상상하게 한 결과, 손가락 근육 운동을 통제하는 대뇌 운동 피질이 크게 활성화되었다.

가능성이 있다고 할 수 있다. 최종 시험 후, 단 두 시간 만의 연습으로 첫 번째 모둠 수준까지 올라간 두 번째 모둠이 이를 증명한다. 상상은 우리가 생각하는 것보다 강력한 힘을 가지고 있는 것이 분명하다.

상상의 힘을 활용하고 싶다면 이렇게!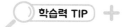

1. 팸(Pham) 교수팀은 이미지 트레이닝에도 질이 있다고 주장한다.[61] 언제, 어디서, 무엇을, 어떻게 공부할 것인지를 상상한 후 실천에 옮긴 모둠이 단순히 높은 성적을 받아 행복해하는 이미지를 상상한 모둠보다 무려 5점 이상 점수가 높은 것을 발견했기 때문이다. 이는 이미지 트레이닝 시 결과가 아닌 과정을 활용하는 것이 더 효율적임을 의미한다. 아이가 중요한 시험을 앞두고 있다면, 본격적인 공부 전에 오늘의 학습 과정을 천천히 상상해보게 하자. '성장'과 '자신감'이라는 두 마리의 토끼를 잡을 수 있을 것이다.

2. 의욕 없는 아이는 부모에게도 정말 힘들다. 흥미를 끌어내고자 이렇게도 해보고 저렇게도 해보지만, 아이가 제자리를 맴도는 것처럼 보일 때면 맥이 빠진다. 셀리그먼(Seligman)은 이럴 때 상상력을 활용해보라 말한다. 지금보다 나은 미래를 상상해봄으로써 하고자 하는 동기를 유발할 수 있다는 것이다. 이때 그 내용이 구체적일수록 좋다고 하니, 세세한 질문으로 상상력을 극대화할 수 있도록 하자.

3. 서툴렀던 피험자들이 상당한 수준의 연주를 할 수 있었던 것은 많은 연습과 조언 덕분이었다. 특히 자신들의 실력을 점검할 수 있는 피드백이 없었다면, 자유 연습을 했던 모둠과 다를 바 없었을 것이다. 당신의 통찰력 있는 한마디는 이미지 트레이닝 만큼이나 효과적임을 잊지 말자.

오랫동안 기억할 방법은 없을까
-분산 연습을 통한 장기기억법-

10

오늘의 공부 주제는 원주율이었다. 구체물 조작을 통해 원둘레와 지름의 비가 약 3.14임을 알아본 뒤, 이 학습 내용이 머릿속에서 사라지지 않도록 곧이어 복습을 여섯 번 진행했다. 이 정도면 원주율, 평생 기억하겠지?

학습 후 곧바로 이뤄지는 고강도 복습은
오랜 기억에 도움이 된다.

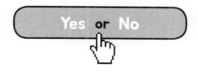

Yes **or** No

당신은 어떤 학습 전략을 이용하는가? 중요한 문장에 밑줄을 치거나 요약본을 만들어 암기하지는 않았는가? 켄트주립대학 던로스키(Dunlosky) 교수팀은 이런 방식이 효과적이지 못하다고 말한다.[62] 수년간 사람들에게 사랑받아온 10가지 학습법을 재탐구한 결과, 요약 내용이나 동일한 내용을 여러 번 반복해서 읽는 학습법은 이해나 암기 측면에서 유용성이 낮았다고 한다. 그럼 어떻게 공부해야 할까? 던로스키 교수팀은 하나의 큰 덩어리를 나눠 학습하는 '분산 연습'을 추천한다. 도대체 분산 연습이 무엇이기에 효과적이라는 것일까?

분산 연습이라는 학습법은 학자들 사이에서는 이미 널리 알려져 있다. 이 학습법을 처음 개발한 사람은 오하이오 웨슬리언대학교 바릭(Bahrick) 교수이다. 그는 학생들이 학습한 내용을 잊지 않고 오래 기억할 수 있기를 간절히 바랐다. 그런 바람으로 가장 효과적인 복습 방법을 연구하던 중 분산 연습법을 개발해낸 것이다.[63]

1979년에 이뤄진 그의 학습에 관한 실험은 번역 기술을 가르치는 것부터 시작됐다. 번역 기술 수업 후에는 총 여섯 번의 복습 시간을 가지면서 학생들이 학습 시간에는 제대로 이해하지 못한 내용 또는 어려운 내용에 대해 질문하며 궁금증을 해결했다. 그리고 복습 시간은 두 모둠으로 나누어 복습 시기를 다르게 적용해보았다. 첫 번째 모둠은 수업 직후 여섯 번의 복습을 했고, 두 번째 모둠은 하루에 한 번씩 총 6일 동안 여섯 번 복습했다. 각 복습 후에는 시험을 치렀다. 복습이 한 번, 두 번 반복될수록 정답률이 올라갔다. 두 모둠 모두 네댓 번의 복습을 거치자, 대부분 학생이 100점에 근접했다. 하루 동안 여섯 번 복습을 하든, 하루에 한 번씩 6일간 복습을 하든 별 차이가 없었던 것이다.

연구진은 기존 실험을 변형하여 한 번 더 실험을 진행했다. 수업 후 학생들을 세 모둠으로 나누어 첫 번째, 두 번째 모둠은 앞의 실험과 동일하게 복습하고, 세 번째 모둠은 수업 후 30일에 한 번씩 복습을 진행하고 시험을 본 것이다. 그 결과는 처참했다. 한 달 전에 배운 내용을 꼼꼼하게 기억한 아이가 있을 리 만무했다. 여섯 번째 복습을 모두 마쳤을 때도 정답률은 80%를 밑돌았다. 앞선 두 모둠에 비하면 형편없는 수치였다. 이제 남은 것은 복습을 마친 날부터 한 달 뒤에 치러진 최종 시험뿐이었다.

수업 직후 복습을 한 첫 번째 모둠과 하루에 한 번씩 내용을 되돌아본 두 번째 모둠, 한 달에 한 번 공부한 것을 들여다본 세 번째 모둠의 결과는 어땠을까? 100점에 가까운 점수를 보였던 첫 번째, 두 번째 모둠이 여전한 승자였을까?

결과는 정반대였다. 30일에 한 번씩 복습했던 세 번째 모둠의 정답률이 90%로, 당당히 1위를 차지했다. 여섯 번의 복습을 마쳤을 때의 80점보다 더 학습 성과가 더 높아졌다. 왜 이러한 현상이 발생한 것일까?

이러한 결과가 나온 것은 정보 인출과 관련 있다. 우리의 뇌는 들어온 정보를 모두 기억하지 않는다. 가치가 있다고 판단하는 것만 장기기억으로

(출처: HP Bahrick, 1979, 인용)

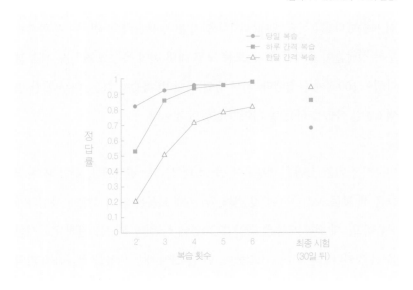

한 달 간격 복습은 당일 또는 하루 간격 복습보다 장기기억 측면에서 더 높은 효
율을 보였다.

보낸다. 그것 역시 통째로 보관하지 않는다. 하나의 기억을 이리저리 풀
어헤쳐 시각과 관련된 것은 후두엽으로, 감정과 관련된 것은 편도체로,
운동과 관련된 것은 두정엽으로 보내어 보관하다 필요한 상황이 되면 다
시 꺼내어 조합한다. 그런데 문제는 흩어져 보관된 기간이 길어질수록
비슷한 경험들이 뒤섞여 온전한 조합을 이루지 못한다는 것이다. 당시에
는 강렬했던 일이 이랬나, 저랬나 하면서 가물가물해지는 까닭도 이와
같다. 그러나 세 번째 모둠은 잊을 만하면 정보들을 꺼내어 다시 조합하
고 원래의 정보와 비교해야 했기에 더 정확하게 기억했던 것이다.

바릭 교수팀은 실험을 여기서 끝내지 않았다. 분산 복습의 효과를 알기 위해 8년 동안 추적 실험을 하기도 했다. [64]

실험은 이전과 비슷한 방법으로 진행되었다. 스페인 단어 50개를 암기하게 한 뒤 그 뜻을 해석하게 했다. 단, 첫 번째 모둠은 당일 복습, 두 번째 모둠은 하루 뒤 복습, 세 번째 모둠은 한 달 뒤에 복습했다. 피험자들은 평균 7.5회 복습을 했다. 그리고 마지막 복습 날짜로부터 8년이 뒤, 전화 통화를 통해 얼마나 기억하고 있는지 물어보았다. 그랬더니 한 달 간격이었던 세 번째 모둠은 15%, 하루 간격이었던 두 번째 모둠은 8%, 당일 복습을 했던 첫 번째 모둠의 기억률은 6%가 나왔다. 세 번째 모둠이 첫 번째 모둠보다 2.5배 더 많이 기억하고 있었던 것이다.

던로스키 교수팀이 분산 복습을 추천할 수밖에 없었던 이유, 이제 이해가 되는가? 분산 복습을 해보고 싶다면 다음과 같이 해보자.

분산 복습은 이렇게!

1. 분산 복습은 총 4단계다. 첫 번째는 '초기학습'이다. 수업에 참여함으로써 주제에 대한 기초적인 정보를 얻는 단계다. 두 번째는 학습 후 일정한 시간을 갖는 '간격'이다. 세 번째는 배운 내용을 상기하며 부족한 부분을 채우는 '복습'이다. 네 번째는 정해놓은 날에 다시 한 번 살펴보는 '반복'이다.

   이를 효과적으로 활용하기 위해서는 '복습 공책'을 따로 마련하는 것도 방법이다. 공부한 내용을 요약해 적은 뒤 복습할 날짜가 되었을 때 다시 한 번 확인하며 장기기억에 오랫동안 보관하는 것이다.

복습 공책을 만들어 활용하고 싶다면 아래 예시를 참고하기를 추천하다. 내가 학생들과 함께 해보고 상당한 효과를 본 복습 공책이다.

△△초 4학년 ○○○의 복습노트

공부한 날짜: 20□□년 4월 1일

교시	과목	국어		단원	4. 일에 대한 의견
1	공부한 주제	사실과 의견 차이점 알아보기			
	공부한 내용	- 사실 1. 현재 있는 일이다. 2. 실제 있었던 일이다. -의견이란 1. 대상이나 일에 대한 생각이다.			
	1차 복습 (5월 1일)	사실은 현재 벌어진 일이나 실제로 있었던 일이고 의견을 대상이나 일에 대한 생각이다.			
	2차 복습 (6월 1일)	호랑이는 동물이다는 사실이고 물을 아껴 쓰자는 의견이다.			
	3차 복습 (7월 1일)	떡볶이는 음식이다는 사실이고 떡볶이는 맛있다는 의견이다.			

2. 세페다(Cepeda) 교수팀은 복습 기간을 정할 때 '10~20%의 법칙'을 활용하라 말한다.[65] 기억하고 싶은 기간의 10~20% 지점마다 한 번씩 복습하라는 것이다. 예컨대 60개월 동안 기억하고 싶다면 6~12개월 사이에 한 번씩 복습하는 식이다. 이는 대학수학능력시험처럼 공부할 기간이 비교적 명확한 것에 더 효율적이다. 준비 기간이 짧은 시험일수록 복습의 간격을 짧게, 넉넉할수록 길게 잡는 것 잊지 말자.

3. 벼락치기는 대개 두 가지 유형이다. 하루에 한 과목을 정복하겠다는 '집중형'과 공부할 수 있는 시간을 과목 개수로 나눠 돌려가며 복습하는 '분산형'이 그 주인공이다.

눈치가 빠른 사람이라면 분산형이 장기기억에 훨씬 더 효과적이라는 것을 알아차렸을 것이다. 여기에는 분산 연습 효과 외에 '간섭 최소화'도 한몫을 한다. 비슷한 내용이 한꺼번에 머릿속에 들어오는 것을 피함으로써, 지식 간 충돌을 피하는 것이다. 이를 실제 공부에 적용할 때는 국어 다음에 수학을, 수학 다음에 영어를, 영어 다음에 과학을 공부하듯 전혀 다른 과목을 이어서 공부하도록 하자. 간섭 최소화의 효과를 톡톡히 볼 수 있을 것이다.

Part 3

공부 습관의 비밀

뇌과학이 알려주는 올바른 공부 습관

왜 아침형 인간이 되어야 할까
-아침 공부가 좋은 이유-

한때 아침형 인간이 주목을 받은 적이 있다. 아침형 인간은 성공을 부르지만, 저녁형 인간은 그저 그런 길을 걷다 결국 실패에 다다른다는 것이다. 지극히 개인적인 생활 방식이 삶과 성적에 영향을 미친다니, 믿을 수 없다. 빨리 자고 빨리 일어나기를 바라는 어른들이 만든 말이지 않을까?

생활 방식과 성적은 상관없다.

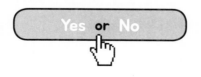

"새 나라의 어린이는 일찍 일어납니다. 잠꾸러기 없는 나라 우리나라 좋은 나라~."

어린 시절 즐겨 불렀던 〈새 나라의 어린이〉(윤석중 작사, 박태준 작곡)의 일부분이다. 그런데 이 노래가 해방 후 최초로 창작된 동요라는 것을 아는가? 창작 시기에서 알 수 있듯, 아이들이 바른 생활 습관을 바탕으로 나라 발전에 이바지했으면 하는 마음이 가득 담겨있다.

그런데 왜 윤석중 아동문학가는 빨리 자고 빨리 일어나는 것이 애국이라 생각했을까? 이것은 학교 시스템과 관련있다고 생각한다. 9시에 수업을 시작하는 현행 교육과정상 일찍 일어나는 것이 학습효율 측면에서 더 유리하다는 것이다. 생활 방식과 성적의 상관관계를 밝힌 흐로닝언대학교 제르비니(Zerbini) 교수팀 또한 아침형 인간이 현 교육 체제에 더 적합하다고 말한다. '저녁형 인간과 성적의 상관관계'라는 연구를 통해 일찍 일어나야 하는 까닭에 대해 한번 생각해보자.[66]

연구진은 네덜란드에 있는 한 중학교의 협조를 얻기로 했다. 그렇게 모인 523명의 자료에는 성적은 물론 건강 상태, 지각률 같은 다양한 정보들이 포함되어 있었다. 그들이 가장 처음으로 본 것은 지각률이었다. 모두의 예상대로 하루해가 지는 해름에 일의 효율이 높아지는 저녁형 아이의 지각률이 일찍 일어나 활동을 시작하는 아침형 아이에 비해 높았다.

학년이 높아질수록 그런 경향은 더 강해졌다. 이는 수면 호르몬이라 불리는 멜라토닌과 관련이 있다. 해가 진 후의 아이를 떠올려보자. 보통 성인보다 더 이른 시간에 하품을 하고 졸려 한다. 이는 성인에 비해 멜라토닌이 더 빨리 분비되기 때문이다. 그렇다면 청소년은 어떨까? 신기하게도 어린아이들과 정반대의 성향을 보였다. 성인보다 무려 2시간가량 늦게 분비된 것이다. 그렇다 보니 잠자리에 드는 시간이 늦어질 수밖에 없고, 다음 날 고스란히 지각으로 이어졌다.

저녁형 아이의 아이들은 건강 상태도 좋지 않았다. 수면 손실은 몸과 마음의 건강에 해를 끼쳤고, 질병과 퇴학 비율까지 높였다.

연구진은 여기서 한발 나아가 생활 방식이 성적에 어떤 영향을 미치는지

(출처: G.Zerbini et al., 2017. 인용)

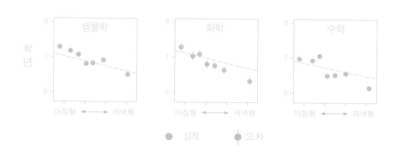

생활 방식에 따른 교과 성적: 아침형 아이가 저녁형 아이에 비해 생물, 화학, 수학 과목의 성적이 더 높은 것으로 나타났다.

도 알아보기로 했다. 아이들의 성적을 비교해본 결과, 특이한 사실 한 가지를 발견할 수 있었다. 바로 아침형 아이가 생물학, 화학, 수학 같은 이과형 과목에 강했다는 것이다. 이에 따르면, 저녁형 아이는 오전에 이과계 공부를 하는 것이 비효율적임을 보여주기도 한다.

제르비니 교수팀 외에도 학습과 생활 방식의 관계를 밝힌 연구는 많다. 오전 8시와 낮 12시, 오후 4시에 고등학생들의 집중력을 비교한 맷척(Matchock) 교수팀의 연구도 그렇고, 전날 학습한 내용을 오전 10시와 오후 2시에 각각 확인했을 때 오후에 시험을 본 아이들의 성적이 더 높았다는 켈리(Kelley) 교수팀의 연구도 있다.[67][68] 두 연구 모두에서 학습은 오전보다 오후에 더 효율적으로 이루어졌다.

그런데도 어른들은 청소년의 이런 신체 리듬을 허락지 않는 분위기다. 아이들이 학교에 가기 위해 일어나는 7시는 50대의 4시 30분과 같음에도 말이다. 하지만 어쩌겠는가. 등교 시간은 정해져 있고 9시면 수업을 시작하는 것을.

답은 한 가지다. 아이들을 아침형 인간으로 만드는 것. 그러기 위해 먼저 한 시간이라도, 아니 30분 만이라도 그들을 숙면의 세계로 이끌 방법에 대해 고민하고 실천하자.

아침형 아이로 만들기 위해!

1. 피궤로(Figueiro) 교수팀에 따르면, 잠자리에 들기 전 스마트폰 사용

을 자제하는 것이 좋다.[69] 전자 기기에서 발생하는 빛이 수면 호르몬인 멜라토닌 분비를 억제하고 신체를 긴장시켜 수면을 방해하기 때문이다. 두 시간 이상 스마트폰을 사용할 경우 수면장애까지 유발한다고 하니, 잠자기 전 한 시간은 스마트폰 하지 않기 등의 구체적인 약속을 정해놓는 것이 바람직할 것이다.

2. 수면은 총 5단계를 거친다. 1, 2단계는 가수면 상태다. 온전히 잠들지 못했기에 작은 소리에도 쉽게 깬다. 이후 맥박, 혈압 등이 안정되는 3단계를 거쳐 숙면 상태인 4단계에 이른다. 숙면 상태인 4단계에서는 뇌파가 급속하게 느려진다. 고요한 것도 잠시, 렘수면인 5단계가 되면 조용했던 뇌파와 안구가 빠르게 움직이기 시작한다. 다양한 가설이 존재하나 지금까지는 이 상태에서 신경세포 회복과 기억 통합이 이루어진다는 학설이 가장 유력하다. 우리의 뇌는 90분을 주기로 이러한 수면의 5단계를 반복한다. 신기한 것은 1단계인 가수면 상태에서 깨어날 때 가장 잘 잤다고 느낀다는 점이다.[70] 깊은 잠에 빠지기 전인 상태에서 일어나야 상쾌한 것이다. 그럼 어떻게 해야 1단계에서 일어날 수 있을까? 정답은 규칙적인 수면 습관을 갖는 것이다. 일정한 수면 패턴을 반복함으로써 자연스럽게 1단계에서 깰 수 있도록 유도하는 방법이다. 이제까지의 수면 시간이 일정치 못했다면, 오늘부터라도 매일 같은 시간에 이불 속으로 들어갈 수 있도록 하자.

실수해도 정말 괜찮을까
-실패를 두려워하지 않는 아이 만들기-

02

『실수해도 괜찮아』라는 책을 가지고 아이들과 수업을 진행한 적이 있다. 이 책의 내용은 실수는 누구나 할 수 있는 것이며 실수를 통해서도 배울 수 있기에 좌절하지 말라는 것이었다. 그런데 아이들은 실수를 통해 배울까? 그 과정은 어떠할까?

아이들은 실수를 통해 배운다.

Yes or No

실수한 순간 뇌는 같은 일을 반복하지 않기 위해 스스로 각성하기에 배움에 도움이 된다.

계획대로 일이 진행되지 않을 때 우리는 생각이 많아지거나 상심한다. 실패는 누구에게나 두렵다. 특히 자신의 부주의로 일을 그르쳤을 때는 더욱 괴롭다. 내 경우, 임용고시를 치른 지 벌써 십 년이 더 지났음에도, 가끔 고사장을 헷갈리거나 답안을 잘못 작성하여 시험에서 낙방하는 꿈을 꾼다.

그러나 인생살이가 언제나 완벽할 수는 없는 법. 우리는 자신의 실수나 실패에 좀 더 관대해져야 한다. 완벽해지려 할수록 팍팍해지는 것은 자신의 삶일 테니 말이다. 그래도 다행인 것은, 실수가 나를 성장시키는 자양분이 된다는 사실이다. 미시간주립대학교 모저(Moser) 교수팀의 '실수를 되새겨라' 연구를 살펴보며 실수가 주는 교훈에 대해 알아보자.[71]

모저 교수팀의 뇌과학 관련 연구를 살펴보기 전에 뇌의 활동을 감지하는 방법에 대해 간단히 알아보자. 우리의 뇌에는 860억 개의 신경세포가 있으며 이들 신경세포는 전기적 신호를 통해 정보를 주고받는다. 오늘날에는 과학 기술이 발달하여 '기능적 자기공명영상'이라 불리는 fMRI와 뇌파를 기록하는 EEG 같은 방법으로 인간의 뇌 활동을 살피고 있다.

그런데 fMRI와 EEG는 뇌를 살핀다는 목적만 같을 뿐 그 원리는 완전 다르다. fMRI는 간단히 말해 산소를 머금은 혈류량을 측정하는 기계다. 알다시피 몸을 움직이기 위해서는 산소가 필요하다. 뇌도 마찬가지다.

체중의 2~3%에 불과한 뇌가 소모하는 산소량은 우리가 흡입한 전체 산소량의 20%에 가까울 정도다. 특히 열심히 일하고 있는 부분은 더 많은 산소를 소비하는데, fMRI는 활성화된 신경세포 주변에 산소를 담은 피가 더 많이 모일 수밖에 없는 특성을 이용하여 뇌의 변화를 감지한다.

그에 비해 EEG는 뇌파를 이용한다. TV에서 전선이 많이 달린 모자를 쓴 사람들이 실험에 참여하고 있는 모습을 한 번쯤 본 적이 있을 것이다. 뇌에서 발생하는 전기적 신호를 기록하는 실험 장면이다. EEG는 동시에 신호하는 수천 개의 전기적 변화를 탐지, 증폭하여 뇌의 변화를 살핀다. 뇌파의 장점은 1000분의 1초라 불리는 밀리세컨드(ms) 단위를 활용할 정도로 변화를 매우 빨리 포착할 수 있다는 것이다. 다만 뇌 표면에서 전기적 활동을 측정하기에 신호가 대뇌 겉에서 발생한 것인지, 안쪽에서 시작된 것인지를 구분하기는 힘들다.

따라서 세밀한 분석이 필요할 때는 두뇌 깊은 곳까지 촬영함으로써 각 부위의 활성화 정도를 파악할 수 있는 fMRI를 이용하는 것이 좋다. 하지만 fMRI는 전체를 찍는 데 1~3초가량 소요되기에 사진에 나타난 모습이 그 순간의 것이라 말하기는 어렵다. 이 외에 PET, fNIRS, MEG 등의 방법도 있다.

모저 교수팀은 '실수를 저지른 그 즉시 뇌에서 발생하는 일을 알아보기 위해' 피험자를 모아 EEG 모자를 씌웠다. 그런 다음 피험자에게 문자 식별이라는 작업을 요구했다. 문자 식별은 말 그대로 'MNMMM' 같이 의미 없는 알파벳 다섯 개 중 다른 문자(N) 한 개를 찾으면 되는 단순한 작업으로, 집중력만 발휘하면 누구나 해결할 수 있는 문제다. 하지만 80개 문제를 정해진 시간 내에 빠르게 해결해야 하므로 실수가 발생할 수밖에 없다. 드디어 기다리고 기다리던, 피험자의 실수가 발생했고 그 순간 EEG 모자는 뇌에서 발생한 두 가지 파장을 잡아냈다.

첫 번째 파장은 정적 전위라 불리는 'Pe'다. 피험자가 실수를 범했다는 것을 인지한 후 100~600밀리세컨드에 등장하는 파형으로서 다른 것들에 비해 긴 시간 지속된다. Pe는 같은 실수를 반복하지 않겠다는 목적을 내포하고 있기에 주의력을 높이는 효과가 있다. 두 번째 파장은 실수 관련 부적 전위로 불리는 'ERN'이다. 실수를 알아차렸을 때만 발생하는 Pe와는 달리 알아차리지 못했을 때도 나타난다. '주의력의 뇌'라 불리는 전대상피질(ACC)에서 주로 관찰되며, 50밀리세컨드라는 매우 짧은 시간 안에 등장한다. 그뿐 아니다. 마인드셋(mindset)이라는 성장 욕구에 따라 파장의 형태가 다르다는 특징이 있다.

당신은 자신의 능력이 무한하다고 생각하는가, 아니면 한계가 있다고 여기는가? 만약 전자라면 성장 마인드셋에 해당한다. 노력만 있다면 원하는 목표를 이룰 수 있으며 그 분야의 전문가가 될 수 있다고 믿는 유형이다. 이와 반대로 고정 마인드셋은 인간의 능력은 한정적이기에 지금이 최선이라 여긴다. 이에 원하는 것을 향해 달려가다 장애물을 만났을 때 쉽게 포기하는 모습을 보인다.

마인드셋에 따른 뇌파를 살펴본 결과, 두 가지 특징이 발견되었다. 첫 번째는 실수했을 때 무언가를 배웠다는 것이다. 두 유형 모두 실수를 하자마자 Pe와 ERN 반응이 활발해졌는데, 이는 정답을 말했을 때의 고요했던 뇌와 완전히 다른 모습이었다. 더욱이 무언가를 틀렸을 때 올바르게 고치는 과정에서만 배움이 일어난다고 여겼던 통념과 달리, 우리가 실수를 알아차리지 못한 순간에도 우리의 뇌는 'ERN'을 뿜어내며 실수를 줄이기 위해 노력하고 있었을 알 수 있었다. 두 번째는 성장 마인드셋을 가진 사람이 더 많이 배운다는 것이다. 실수를 알아차렸을 때 발생하는 Pe는 그 신호가 강할수록 과제에 실패할 가능성을 낮춘다. 두 집단을 비교해본 결과 성장 마인드셋을 가진 사람의 Pe 파장 진폭이 고정 마인드셋에 비해 3배나 높았다. 실수를 반복하지 않기 위해 더 많은 뇌를 깨운 셈이다. 과제의 질 또한 더 우세한 것으로 보아, 성장 마인드셋을 가진 사

(출처: JS Moser et al., 2011. 인용)

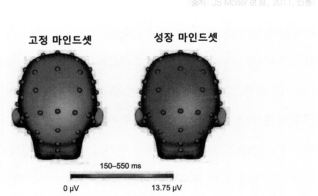

실수 후 뇌에서 일어나는 변화를 탐지한 결과, 성장 마인드셋을 가진 사람의 뇌가 같은 실수를 반복하지 않기 위해 더 많은 공을 들이는 것으로 나타났다.

람은 실수했을 때 좌절하기보다 무엇을 배우기 위해 뇌를 더 최적화하는 것으로 해석할 수 있다.

때때로 우리는 집중만 했다면 더 좋은 성과를 끌어냈을 거라며 실수한 아이를 나무란다. 그러나 '실패는 성공의 어머니'라고 하지 않았는가. 아이는 실패와 실수를 통해 배우고 자라며, 그 교훈으로 더욱 견고해진다. 물론 성장 마인드셋일 때, 아이는 더욱 크고 빠르게 발전할 것이다. 만약 아이가 고정 마인드셋으로 좌절해 있다면 다음과 같이 해보자.

성장 마인드셋 자극은 이렇게!

1. 어려서 쇠사슬에 발이 묶인 채로 자란 코끼리는 성체가 되어서도 쇠사슬에 묶인 채 제자리를 맴돈다고 한다. 몸무게가 수 톤에 달하는 코끼리가 몇십 킬로밖에 나가지 않는 쇠사슬에 좌절하여 아무것도 시도하지 않는 것이다. 고정 마인드셋을 가진 아이의 마음도 코끼리와 별반 다르지 않다. 고작 몇 번의 실패로 '내 능력은 이것밖에 안 돼' 같은 생각으로 자신의 능력을 한정해버리니 말이다. 이런 아이에게 필요한 것은 작은 성공의 경험이다. 작은 성공 경험을 통해 실패의 두려움을 떨쳐내고 나도 할 수 있다는 마음을 심어주는 것이다. 이때 유념할 것은 '하루에 한 시간 공부하기' 같은 큰 목표를 세우기보다는 '매일 10분 공부하기'처럼 목표를 작게 시작해야 한다는 점이다. 이렇게 쌓인 작은 성취들이 긍정적인 자존감인 성장 마인드셋으로 변한다.

2. 지난 2007년 『스탠퍼드 뉴스』에서 마인드셋 분야의 선구자인 드웩 (Dweck) 교수와 인터뷰를 진행한 적이 있다. 그는 성적이 뒤처진 아이들을 대상으로 열었던 워크숍을 사례로 들며 성장 마인드셋의 중요성을 강조했다.[72] '지능은 고정되지 않았기에 노력을 통해 충분히 변화 가능하다'는 뇌 가소성 교육과 공부의 비법을 각각 가르쳐본 결과, 전자가 훨씬 더 성적 향상에 도움이 되었다는 것이다. 이는 본격적인 학습 전에 뇌 가소성 사례를 소개하거나 관련된 이야기를 들려주는 것이 도움이 될 수 있음을 시사한다.

뇌 가소성 교육 관련 자료는 테리 도일(Terry Doyle) 교수가 운영 중인 '학습자 중심 교수법'이라는 웹사이트(learnercenteredteaching.com)에서 구할 수 있다.

3. 수학 성적이 낮은 91명의 아이를 대상으로 진행했던 드웩 교수의 워크숍을 살펴보면 뇌 과소성 교육만큼은 아니나 새로운 기법 또한 성적 향상에 도움이 되었다. 이는 효과적인 공부 방법을 습득한 결과로 이제까지의 낮은 성적이 자신의 능력이 아닌 문제풀이 기법에 있었음을 깨닫는 터닝포인트가 될 수 있다. 새롭게 배운 기술이 성적 향상으로 바로 이어지지 않을 수도 있지만 새로 습득한 기술이 나와는 맞지 않을 뿐, 지능 문제가 아님을 강조하도록 하자. 머리를 탓하는 순간 고정 마인드셋에서 벗어날 수 없을 테니 말이다.

여자아이는
정말 수학에 약할까
-고정관념 탈피하기-

03

수학을 가르치다 보면 남학생이 여학생보다 수학에 관심이 많고 더 잘하는 경우를 보곤 한다. 남자의 뇌가 여자의 뇌보다 수학에 더 친밀하다는 속설이 정말 사실일까?

남성의 뇌는 여성의 뇌보다 수학에 강하다.

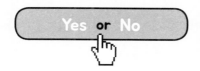

세상에는 수많은 고정관념이 존재한다. 남성이 여성보다 수학적 능력이 더 뛰어나다는 생각도 그중 하나다. 과연 선천적으로 남자가 수학에 더 강할까? 이를 연구한 스탠퍼드대학교의 케시(Kersey) 교수팀은 결단코 그렇지 않다고 말한다. 55명의 여자아이와 49명의 남자아이의 뇌를 조사한 결과 다른 점을 전혀 찾지 못했다는 것이다. 그들이 그토록 자신 있게 말하는 까닭, '우리의 뇌는 수학에 있어 평등하다'라는 연구를 통해 알아보도록 하자.[73]

연구팀이 성별에 따른 수학적 능력에 관심을 두게 된 것은 노벨상 덕분이었다. 1901년 노벨상이 창설된 이래 현재까지 물리학, 화학, 생리 같은 과학 분야에서 여성이 차지한 비율이 고작 3%에 불과했기 때문이다. 도대체 무엇이 이런 차이를 만들었을까? 케시 교수팀은 본격적인 연구에 앞서 그동안 남녀의 수학적 능력 차이가 분명하다고 주장한 논문들을 샅샅이 살펴보기로 했다. 그 결과 이제까지의 연구가 생물학적 차이와 사회 문화적 요인으로 인한 차이를 혼용해서 사용하고 있음을 발견한다. 이에 연구팀은 남녀의 수학적 능력 차이가 생물학적 차이에서 기인한 것인지 알기 위해 피험자를 모집하여 그들의 뇌를 들여다보기로 했다.

수학과 관련된 영상을 시청하는 아이들의 뇌를 fMRI로 촬영해본 결과는 매우 흥미로웠다. 수학적 개념을 대하는 남녀의 뇌가 다를 것이라는

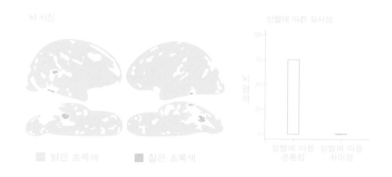

뇌 사진   성별에 따른 유사성

■ 밝은 초록색   ■ 짙은 초록색   성별에 따른   성별에 따른
                                              공통점   차이점

수학 영상을 보고 있는 남녀 아이의 뇌를 들여다본 결과 성별에 따른 차이점(짙은 초록색 부분)은 0.8%에 그쳤지만, 유사성(밝은 초록색 부분)은 76.4%인 것으로 나타났다.

그동안의 고정관념을 비웃듯 차이점이 0.8%에 불과했던 것이다. 이 외에도 3세부터 8세까지를 대상으로 한 수학적 개념 검사 또한 아무런 차이도 보이지 않았다니, 이쯤 되면 남녀가 같은 방식의 수학 네트워크를 사용하고 있다고 말할 수 있다.

그럼에도 불구하고 수학은 여전히 남성의 전유물처럼 느껴진다. 월등히 높은 학업성취도평가(PISA) 점수와 주변에서 찾기 힘든 여성 수학자만 봐도 그렇다. 오죽했으면 지난 2014년 수학의 노벨상이라 불리는 필즈상(Fields Medal)에서 첫 여성 수상자가 나왔다고 온 세상이 떠들썩했겠는가. 왜 수학은 여전히 여성에게 장벽에 둘러싸인 세계일까? 구드(Good) 교수 팀은 고정관념 때문이라고 말한다.[74] 미적분학 수업을 받는 여자 대학생을 대상으로 개인이 가진 신념에 따른 수학 성적을 비교해본 결과, 성 고정관념이 낮았던 모둠은 수업에 흥미를 느끼고 열심히 참여했던 반면 그렇지 않았던 모둠은 자기의 재능을 폄하하고 있었다. 학기 말 성적 또한 생물학적 차이가 존재하지 않는다고 생각했던 모둠이 높았다고 하니 고정관념이 문제인 셈이다. '여자는 수학에 약하다'라는 허무맹랑한 소리를 하는 사람이 주변에 있다면 당당히 외치자. 우리의 뇌는 평등하다고!

고정관념 탈피는 이렇게!

1. 가끔 "나는 머리가 나빠", "공부에는 소질이 없어"라는 말로 자신을 표현하는 아이들을 만나곤 한다. 이럴 때마다 나는 일반화의 오류를 깨기 위해 노력한다. 한 가지의 실패가 전체의 그르침이 아니라는 것을 강조하는 것이다. 무능이라는 테두리에 무한한 능력을 가두는 아이가 주변에 있다면 발견 즉시 그 생각의 허점을 찾아 파고들 수 있도록 하자. 학습된 무기력의 시작이 될 수 있으니.

2. 고정관념을 뿌리 뽑아야 하는 까닭은 그것이 차별로 이어지기 때문이다. 그렇다면 뇌리에 박힌 생각을 어떻게 뽑아낼 수 있을까? 가와카미(Kawakami) 교수팀은 고정관념이 튀어나올 때마다 '아니오'라고 외치라 말한다.[75] 480번 정도 외쳤을 때 굳은 생각이 비로소 유연해졌다는 것이다. 들어올 때는 쉬워도 나갈 때는 힘든 것이 바로 고정관념이다.

수학을 좋아하게
할 수는 없을까
-수학과 친해지는 방법-

04

우리 반 아이들 가운데 절반은 자신을 '수포자'라 표현한다. 수학이 그 어떤 과목보다 싫다는 뜻이다. 그래서 수학 시간에 일부러 과장된 행동을 하며 아이들의 관심을 끌어보는데, 과연 효과가 있을까?

교사의 과장된 행동은 수학 학습에 도움이 된다.

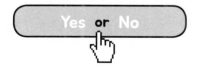

Yes 수학 수업 중 교사의 동작은 지루함을 줄이는 대신 기억 단서
의 역할을 하여 학습에 도움이 된다.

아이들이 가장 어려워하는 과목 중 하나는 수학이다. 초등학교 4학년에
수학을 완전히 포기한 수포자가 등장할 정도다. '사교육걱정없는세상'에
서 학생 7,700여 명을 대상으로 조사한 결과, 고등학생 10명 중 6명이
스스로를 수포자라고 표현했다. 과학과 수학 강국을 꿈꾸는 국가적 바람
은 둘째 치고 데이터 시대라 불리는 미래 산업에서 뒤처질 것이 눈에 보
이는 듯하다. 어떻게 하면 아이들에게 수학을 즐겁게, 그리고 효과적으
로 가르칠 수 있을까? 미시간주립대학교 펜(Fenn) 교수팀의 연구에서 힌
트를 얻어보자.[76]

펜 교수팀은 수업 중 선생님의 움직임(제스처)에 주목했다. 수업 중 적절
한 몸짓과 손짓이 학습력을 높인다는 다른 연구 결과에 흥미를 느낀 것
이다. 펜 교수팀은 선생님의 동작이 수학 교과에도 유효한지 알아보기로
했다.
가장 처음 한 일은 실험을 위해 아이들을 모으는 것이었다. 그들이 주목
한 곳은 7개의 공립 초등학교였다. 인종이 다양하고 수학 성적 또한 천
차만별이어서 보편적인 자료를 수집하는 데 적합했기 때문이다. 최종 선
정된 피험자는 총 184명이었으며, 초등 2~4학년으로 구성되어 있었다.
연구진은 이들에게 두 개의 덧셈식(혹은 곱셈식)이 같은 결과값을 갖도록
하는 조건을 찾게 함으로써 등호 개념을 가르쳤다. 이때 활용한 문제는

다음과 같다.

수업은 면대면 대신 영상을 이용했다. 움직임이라는 변수 외에 다른 것들이 실험에 영향을 주지 않도록 하기 위해서다.

카메라 앞에 선 선생님은 대본 이외의 말을 삼가여 연구의 타당도와 신뢰도를 높이는 데 일조했다. 유일하게 다른 점은 첫 번째 영상의 선생님은 가만히 서서 설명을 했다는 것이고, 두 번째 영상의 선생님은 식을 언급할 때마다 관련된 부분을 손으로 가리키거나 툭툭 친 것이다.

편집을 마친 연구진은 아이들을 두 모둠으로 나눠 각기 다른 교실로 모이게 한 후, 수학 수업 영상을 시청하게 했다. 그런 다음 움직임이라는 단 하나의 변수가 수학 학습에 어떤 영향을 주는지 확인하기 위해 쪽지시험을 치렀다. 이때 피험자의 수준 차이를 고려하여 초등학교 2~3학년은 '$5+2+8=$ ☐ $+8$' 같은 덧셈 등호 문제를, 4학년은 '$6×9×2×9=6×9×$ ☐' 같은 곱셈 등호 문제를 풀게 했다. 채점 결과는 연구진의 예상대로였다. 선생님의 손짓이 포함된 영상을 시청한 두 번째 모둠의 성적이 더 높았다.

연구진은 이러한 현상이 일시적인 효과는 아닌지 확인하기로 했다. 24시간이 흐른 뒤, 같은 장소에서 비슷한 문제를 활용하여 두 번째 시험을 진행했다. 단, 별도의 복습이나 준비로 인한 효과를 배제하기 위해 내일 시험이 있다는 것을 미리 알리지 않았다. 두 번째 시험 결과 또한 앞선 시험 결과와 다르지 않았다. 망각률이 70%에 달한다는 24시간 뒤에도 교사의 손짓이 포함된 영상으로 학습했던 두 번째 모둠의 성적이 우수했다. 더 놀라운 것은, 심화 문제에서도 두 번째 모둠이 압승을 했다는 것이다. 심화 문제는 기존과는 완전히 달랐다. 앞서 제시한 문제에서 동일한 숫자가 반복되었다면 심화 문제에서는 '4+9+8=2+ □ '와 같이 반복되는 숫자가 없었다.

펜 교수팀은 선생님의 움직임이 자칫 지루할 수 있는 수업에 활력을 불

(출처: KM Fenn et al., 2013, 인용)

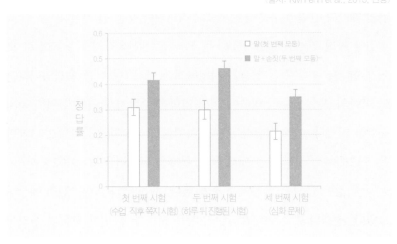

펜 교수팀에 따르면, 교사의 적절한 움직임은 수학 수업의 성취율을 높인다.

어넣는 동시에 기억의 단서가 되었기에 이런 결과가 나왔다고 설명했다. 동영상 학습 후 진행된 세 번의 시험에서 높은 성적을 낸 비법이 선생님의 움직임이라니 흥미로울 따름이다.

이 실험을 통해 알 수 있는 한 가지는, '의도된 움직임은 학습에 독이 아니라 약'이라는 것이다. 아이들이 수학을 싫어하는가? 그렇다면 지금부터 가르치는 몸짓 하나하나에 영혼을 실어보자. 누가 아는가, 당신의 움직임이 미래의 수학자를 키워내는 지름길이 될지?

수학을 싫어한다면 이렇게!

1. '수학을 싫어해서 성적이 낮은 것일까, 아니면 성적이 낮아서 수학을 싫어하는 것일까? 닭이 먼저냐, 알이 먼저냐의 문제지만 두 주장 모두 수포자의 심리적 문제와 관련이 있음을 의미한다. 더욱이 수포자 대부분이 수학을 두려워하는 것을 보았을 때, 수학을 좋아하게 만들려면 '수학은 곧 놀이다'라는 인식을 심어주는 것이 좋다. 숫자를 활용한 야구나 '구구단을 외자' 같은 놀이를 활용함으로써 수학은 어려운 것이 아니고, 재미있는 것임을 피부로 느끼게 하는 것이다. 수학을 포기한 아이의 마음의 문을 놀이로 열어보는 것은 어떨까? 유튜브에 가면 다양한 수학 놀이 영상을 찾아볼 수 있다.

2. "나는 수학에 재능이 없어." 수포자의 단골 멘트다. 수학을 싫어하는

이유를 자신의 두뇌에서 찾는 것이다. 하지만 많은 학자가 '우리의 뇌는 고정적이지 않다'고 주장한다. 많이 사용하면 할수록 그 분야에 강해지며 결국 전문가의 반열에 올라설 수 있다는 것이다. 실제로 자신의 지능이 고정되어 있다고 생각한 아이들과 그렇지 않다고 생각하는 아이들의 수학 성적 변화를 2년간 추적한 블랙웰(Blackwell) 교수팀에 따르면, 전자의 경우에는 성적이 하락했지만 후자는 점점 상승한 것으로 나타났다.[77]

"나는 문과형 인간이야" 같이 자신의 능력을 제한하는 것은 개인의 발전에 전혀 도움이 되지 않는다. 수학이라는 새장에 갇힐지, 아니면 훨훨 날아오를 것인지는 오직 자신의 마음가짐에 달려 있다. 아이가 수학을 포기하려 하는가? 그렇다면 먼저 충분히 할 수 있다는 용기를 북돋워주자.

3. 대부분 선생님은 상중하에서 '중'을 기준으로 수학 수업을 설계한다. 더 많은 아이에게 도움이 되고자 하는 마음이다. 그렇다 보니 누군가에는 너무 어렵고 또 누군가에게는 너무 시시한 수업을 할 때가 있다. 이런 상황을 타파할 방법은 '수준별 수업'뿐이다. 아이의 현재 수준을 파악한 후 그에 맞는 처방을 내림으로써 모두를 만족하게 하는 것이다. 하지만 교사에게 주어진 시간 내에서 아이들 각각에게 맞는 개인별 진단과 처방, 그리고 피드백까지 하는 수준별 수업은 현실에서는 꿈에 가깝다. 어쩔 수 없이 그 괴리는 홈스쿨링과 사교육을 통해 메울 수밖에 없다. 다만, 교사에게 조금 더 노력을 바란다면, 기존의 수업

설계 방법은 유지하되, 수업 중 아이들이 해결해야 할 수학 과제의 수준을 상, 중, 하로 나눠 제시해볼 것을 추천한다. 도전과 실패, 성공을 반복하면서 배움은 더욱 견고해질 것이다.

공부하기에도 모자란 시간, 운동은 사치일까

-운동으로 높아지는 학습력-

05

아침 운동을 빼놓지 않고 하려고 노력하는 편이다. 그런데 오늘은 일이 있어 실천하지 못했다. 기분 탓일까. 신기하게도 평소와 달리 집중력이 떨어지는 것이 느껴지는 게 아닌가.

운동과 공부는 별개다.

Yes **or** No

 운동은 전두엽을 활성화해 수학과 언어 구사력을 높인다.

'0교시 체육'이라는 말을 들어본 적이 있는가? 일찍 등교하는 것도 끔찍한데 아침부터 운동이라니 생각만으로도 괴롭다. 그런데 미국 일리노이주 네이퍼빌센트럴고등학교에서는 정규수업에 앞서 매일 달리기를 한다고 한다. 설렁설렁 뛰는 것도 아니다. 아침부터 땀이 나고 숨이 찰 정도로 한다니, 누가 보면 운동부라 착각할 만하다.

왜 그들은 아침부터 이런 힘든 운동을 하는 것일까? 이유는 간단하다. 운동이 뇌를 깨워 학습력에 큰 영향을 미친다고 확신하기 때문이다. 2006년에 이런 체육 수업에 참여한 아이가 그렇지 않은 아이보다 읽기와 문장 이해력은 17% 증가했고, 전 세계 38개국 23만 명이 응시한 팀스(TIMSS)에서 과학은 1등, 수학은 5등을 차지했다니 '0교시 체육'의 효과는 가히 대단하다고 할 수 있다.

노스이스턴대학교 힐먼(Hillman) 교수팀도 몸을 많이 움직일수록 똑똑해진다고 말한다. 네이퍼빌센트럴고등학교 학생들의 고득점 비결이 땀을 비 오듯 흘렸던 운동에 있다는 것이다.[78]

연구진은 운동과 성적의 상관관계를 알아보기 위해 초등학교 3~5학년의 아이들을 모아 지구력 테스트를 시행했다. 20미터를 여러 번 왕복하는 이 테스트는 힘들기로 유명하다. 거리는 같지만 출발 신호가 점차 짧아지는 탓이다. 마지막 단계까지 완주한 사람보다 포기한 이들이 더 많으니, 아이들을 극한으로 모는 테스트라 할 수 있다. 왕복 횟수에 따라 등급이 매겨지는 이 테스트와 성적을 비교한 결과, 흥미로운 몇 가지 사실을 발견할 수 있었다.

지구력이 높을수록 체질량지수는 정상이었다. 왕복 오래달리기라 불리는 이 검사는 평소 움직임에 큰 영향을 받을 수밖에 없다. 왕복 오래달리기를 하면 심장과 폐가 튼튼해진다. 몸무게도 적정하게 유지되어 적당한 체질량지수를 갖게 된다.

그런데 체질량지수가 성적과 밀접한 관계임을 보여주는 연구가 있다. 5,966명의 청소년을 대상으로 한 연구에서 비만이었던 아이들이 그렇지 않은 이들에 비해 학업성취도가 낮았다는 조사 결과도 있다.[79] 비만 요인을 제외한 나머지 요인, 즉 자라온 환경이나 지능지수(IQ), 우울증 같은 것을 배제한 후에도 그와 같은 결과를 얻은 것이기에 더욱 놀랄 만하다. 이러한 현상은 힐먼 교수팀의 연구에서도 여실히 드러난다. 왕복 오래달리기에서 높은 등급을 받은 아이들이 수학과 읽기에서 뛰어난 성적을 보인 것이다. 도대체 무엇이 이런 현상들을 만들어낸 것일까?

힐먼 교수팀은 그 답을 뇌에서 찾아보기로 했다. 그 결과, 신체 활동과 학습에 관여하는 뇌 부위가 같은 것을 발견했다. 우리 뇌는 무엇을 읽고 해석할 때 전전두엽(전두엽의 앞부분을 덮고 있는 대뇌피질)과 후측대상피질(주의력과 기억 및 운동 조절을 관장하는 뇌 부위)이라는 곳이 반짝거린다. 수학적 계산이나 수의 크기를 비교할 때도 마찬가지다.

출처: CH Hillman et al., 2008, 인용

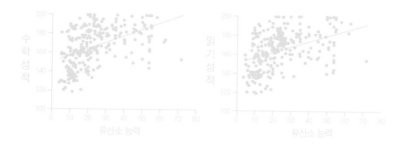

왕복 오래달리기 등급에 따른 수학과 읽기 성적 비교: 지구력이 강할수록 수학과 읽기 능력 또한 높게 나타났다.

신체를 움직일 때 전두엽은 열심히 일한다. 운동할 때 반짝이는 부분과 읽기, 수학 공부를 할 때 일하는 반짝이는 부분이 같으니 높은 성적은 당연한 결과라 할 수 있다.

이제까지 운동이 학습에 미치는 영향에 대해 알아보았다. 신체적 활동이 공부에 효과적이라는 연구는 이외에도 많다. 운동으로 높아진 심장 박동 수가 신경세포의 기능 향상에 도움이 되는 뇌유래신경성장인자(기억과 학습을 담당하는 뇌의 해마 신경 생성을 촉진하는 인자)의 활동을 도와 학습 효율과 기억력이라는 두 마리의 토끼를 잡았다는 연구가 있다.[80] 일주일에 1시간씩 운동을 했더니, 대학 졸업 성적이 0.06점씩 늘어났다는 샌더슨(Sanderson) 교수팀의 재미있는 실험도 있다.[81]

그렇다고 해서 모든 사람들에게 이 규칙이 꼭 통하리라는 법은 없다. 운

동을 좋아하고 잘할지라도 성적이 좋지 않은 아이가 있고, 공부를 잘해도 신체적 활동을 즐기지 않을 수 있다. 하지만 분명한 것은 수학과 읽기등 교과 공부와 운동의 상관관계가 통계적으로 유의미하다는 점이다. 혹성적 때문에 아이들을 책상으로만 떠밀고 있지는 않은가? 이는 옳지 않은 결정일 수도 있다. 아이들에게 몸을 움직이는 즐거움을 허락함으로써체력과 성적 모두를 잡는 편이 훨씬 나을 것이다.

운동의 힘이 필요하다면 이렇게!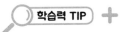

1. 운동이 주는 긍정적인 영향을 무시하는 사람은 없다. 운동이 심혈관질환, 암 같은 신체적 위협과 우울증 같은 정신적 위협 요소로부터 나를 보호한다는 연구는 수없이 많다. 그런데 문제는 운동을 하고자 하는 의욕이 쉽사리 생기지 않는다는 것이다. 스마트폰, 태블릿PC 등으로 게임이나 유튜브에 빠져 있거나 공부할 시간이 부족한 아이들은 더욱더 그렇다. 그럼에도 불구하고 시간과 의욕을 내어 운동해야 하는까닭은, 자발적일 때 뇌가 더 활성화된다는 데 있다. 강제적일 때보다본인의 의지로 움직였던 모둠의 쥐에게서 더 많은 신경세포가 만들어진다는 것이 확인되었다.[82] 단, 아무것도 안 하는 것보다 강제적으로라도 하는 것이 더 나았다니, 어떻게든 움직이는 것이 뇌 활동에 효과적이다.

2. 모든 평가가 일제고사에 의해 좌우됐던 과거에는 학업성취도를 높이

기 위한 비책으로 체육 수업을 줄이거나 아예 하지 않는 학교들이 있었다. 최근에는 과정중심평가가 강조됨에 따라 그런 학교가 많이 줄어들었지만, 입시제도가 대학수학능력시험에 초점이 맞춰진 이상 체육 수업을 등한시하는 분위기는 여전하다.

그러나 앞서 살펴보았듯, 운동과 성적은 전혀 무관하지 않을뿐더러 도리어 학습 효율을 높이는 귀인이었다. 이는 운동이 아이들의 체력을 신장하는 데 그치지 않음을 시사한다. 운동으로 아이들의 성적까지 잡았던 네이퍼빌센트럴고등학교처럼, 아침에 간단한 운동을 통해 아이들의 잠자는 뇌를 깨워보면 어떨까?

엄마 목소리를 들으면
왜 편안해질까
-아이의 스트레스를 날리는 엄마 목소리-

06

요새 몇 가지 일로 극심한 스트레스에 시달리고 있었다. 그런 마음을 어떻게 알았는지 엄마에게서 전화가 왔다. 수화기 너머로 들려오는 엄마의 목소리를 듣자마자 마음이 편안해짐을 느꼈다. 아이들도 힘들 때 엄마의 목소리를 들으면 힘이 나겠지?

엄마의 목소리를 스트레스를 줄인다.

Yes or No

이 세상에서 가장 아름다운 단어는 무엇일까? 영국문화원이 설립 70년 기념으로 102국 4만 명을 대상으로 조사한 결과, 'mother'가 뽑혔다고 한다. 자식을 위해 헌신하는 모습이 그 무엇보다 아름답기에 '엄마'라는 단어가 1등을 차지한 것이다. 그래서일까, 일이 잘 풀리지 않거나 힘에 부칠 때 괜스레 엄마가 떠오르곤 한다. 어릴 적 건장한 군인이 TV에 나와 "네, 우리 어머니가 확실합니다!"라며 눈물을 훔치던 장면은 지금도 생생할 정도다.

엄마의 무엇이 우리를 이토록 의지하게 만드는 것일까? 위스콘신대학교 셀처(Seltzer) 교수팀은 호르몬과 관련지어 그 이유를 설명한다. [83]

모성애가 가진 효과를 알기 위해서는 피험자를 극한의 스트레스로 몰고 갈 필요가 있었다. 이에 연구진은 TSST(Trier Social Stress Test)라는 프로그램을 활용하기로 했다. [84] 짧은 시간 안에 극도의 심리적 압박을 느끼는 데 이보다 좋은 것이 없어서다. 무엇이 그들을 그토록 고통스럽게 했을까? 그 과정을 살펴보면 절로 고개가 끄덕여진다.

이 프로그램은 일거수일투족이 감시된다는 설명으로 시작된다. 그리고 곧이어 피험자는 5분 동안 자기소개를 할 것을 요구받는다. 그렇다고 책상에 앉아 지켜보는 사람들의 시선이 살가운 것도 아니다. 무표정으로 일관하는 그들을 바라보는 것이 더 부담스러울지도 모른다. 그 후에는

1,371 같은 수에서 13을 계속 빼나가는 작업을 했다니, 그야말로 스트레스 유발 덩어리라고 불릴 만하다.

스트레스를 받은 피험자들은 어땠을까? 정신적 또는 신체적 압박을 받았던 경험을 떠올려보자. 심장이 막 두근거리며 잠자리에 쉽사리 들지 못했을 것이다. 이는 부신이라는 곳에서 분비된 코르티솔의 영향이다. 나를 지키기 위해 혈압을 올리고 호흡을 가쁘게 만드는 것이다. 그러나 명이 있으면 암이 있듯 과한 코르티솔은 대사 불균형을 일으켜 도리어 몸을 상하게 한다니, 만병의 근원이 스트레스라는 말이 괜히 나온 것이 아닌 셈이다. 어쨌든 TSST에 참여한 아이들도 비슷한 증상을 호소하고 코르티솔 수치 또한 보통 이상이었다니, 연구진의 전략이 제대로 먹혔다고 할 수 있다.

이제는 부모들이 나설 차례였다. 연구진은 총 세 가지 방법으로 부모와 접촉하게 했다. 첫 번째 모둠은 같은 장소에서 기다리고 있던 부모와 직접 대면했다. 대화는 물론 신체 접촉도 가능했다. 그러나 나머지 모둠은 이러한 만남이 허락되지 않았다. 두 번째 모둠은 수화기 너머로 들려오는 목소리만 들을 수 있었고, 세 번째 모둠은 문자 메시지로만 소통할 수 있었다. 위로와 의지가 필요했던 아이들에게는 청천벽력 같은 소리였을 것이다.

충분한 시간이 흐른 뒤 스트레스 지표인 코르티솔을 재측정했다. 그 결과, 신체 접촉이 가능했던 첫 번째 모둠의 코르티솔 수치는 '0'이었다. 누

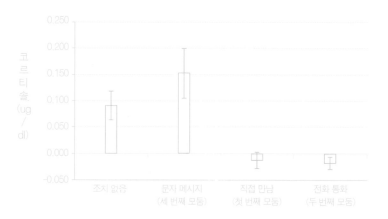

스트레스로 코르티솔 수치가 높아진 아이들에게 엄마 목소리를 들려주자 그 수준이 낮아져 0에 가까워졌다.

구보다 자신을 사랑해주는 부모님의 위로가 스트레스를 줄이는 것은 당연한 결과였다. 그런데 놀라운 것은 엄마 목소리를 들었던 두 번째 모둠 또한 코르티솔 수치가 '0'이었다는 것이다.

어떻게 이런 일이 가능했던 것일까? 연구진은 이 모든 것이 사랑의 호르몬이라 불리는 옥시토신 때문이라 설명한다. 가족과 직접 만났던 첫 번째 모둠과 엄마 목소리를 들었던 두 번째 모둠에서만 유일하게 옥시토신이 분비되었고, 그로 인해 편안함을 느꼈다는 것이다. 고통과 불안을 줄이고 안정된 상태로 이끄는 옥시토신이 실로 위대하게 느껴질 정도다.

이 연구가 그 무엇보다 의미있는 까닭은 사랑하는 사람의 목소리를 듣는

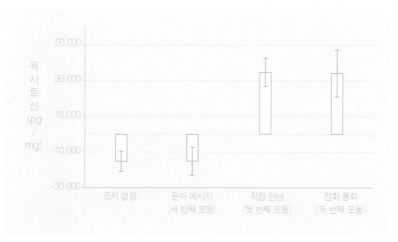

엄마와의 직접 만남이나 엄마 목소리는 사랑의 호르몬인 옥시토신 분비를 돕는다.

것만으로도 스트레스 수치가 줄어든다는 것을 과학적으로 증명했다는 데 있다. 옥시토신이 포옹 또는 신체적 접촉으로만 분비된다는 그간의 정설을 깬 것이다.

나는 엄마의 목소리가 아이들에게 필요하다고 생각한다. 입시라는 전쟁에서 살아남기 위해, 날마다 고군분투하는 것은 다름 아닌 아이들이기 때문이다. 오늘 유독 아이가 지치고 힘들어 보이는가? 그렇다면 따뜻한 말 한마디로 아이를 위로해보도록 하자.

1. 흔히 어른들은 공부할 때가 제일 편했다며 청소년기를 인생에 있어 가장 좋은 시기라고 말한다. 그러나 막상 그 구간을 지나고 있는 아이들은 행복하지만은 않다. 학업이 주는 부담이 만만치 않아서다. 그럼 이런 아이들에게 어떻게 도움을 줄 수 있을까? 루이스(Lewis) 박사는 독서 시간을 가지라 말한다. [85] 단 6분가량의 독서만으로도 날뛰던 심장박동수가 제자리를 찾고 근육이 이완되는 현상을 발견한 까닭이다. 스트레스 수치 또한 68%나 줄었다고 하니, 책을 가까이하는 것은 학업 스트레스 감소에도 매우 효과적이다.

2. 루이스 박사는 취미생활이 스트레스 감소에 미치는 영향을 파악한 것으로 유명하다. 그는 독서 이외에도 다양한 요인들을 조사했는데, 음악은 61%, 커피는 54%, 산책은 42%, 비디오 게임은 21% 정도 스트레스 감소에 도움이 됨을 알아냈다. 다만 비디오 게임의 경우에 심박수를 더 높였다고 하니, 다른 방법을 더 추천하는 바이다.

3. 옥시토신은 자궁 수축을 일으켜 분만을 돕고 젖을 돌게 만들기 때문에 흔히 사랑의 호르몬이라 부른다. 새끼를 낳지 않은 쥐에게 출산한 쥐의 피를 뽑아 투여하자 다른 쥐의 새끼에게 관심을 주며 돌봤다는 연구가 있을 정도로 그 힘은 강력하다.
그렇다고 옥시토신이 엄마의 전유물인 것은 아니다. 아기가 태어난 후

6개월 동안 양쪽 부모 모두 높은 수준의 옥시토신을 유지했다는 골든 (Gordon)의 연구도 있다.[86] 그럼 출산이라는 과정이 없었던 아빠는 어떻게 옥시토신을 유지했을까?

루이스 박사는 접촉이나 놀이를 통해 옥시토신을 점차 쌓아갔다고 설명한다. 함께하는 시간이 늘며 부성애 또한 높아졌다는 것이다. 이는 학업 스트레스를 줄여주기 위한 아빠와 엄마의 노력이 달라야 함을 의미한다. 혹시 당신은 자녀가 있는 아빠인가? 그렇다면 일주일에 하루 정도는 모든 것을 잊고 아이와 함께 노는 데 투자해보도록 하자. 커져가는 부성애는 덤이다.

독서는 왜 해야 할까

-독서와 뇌 발달-

07

책을 읽다 보면 이런저런 생각을 하게 된다. 머릿속으로 작가의 글에 나름의 주석을 달아보는 것이다. 타인의 생각에 내 경험을 더하는 독서, 뇌 발달에도 좋지 않을까?

독서는 뇌 발달에 도움을 준다.

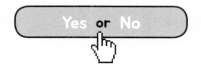

Yes or No

독서는 관련된 뇌 부위를 활성화해 가상경험을 돕는다.

당신은 일 년 동안 몇 권의 책을 읽는가? 2019년 통계청 자료에 따르면, 우리나라 인구 1인당 평균 독서 권수는 7.3권이라고 한다. 한 달에 한 권의 책도 읽지 않는 셈이다. 그런데 문제는 이 수치마저 점점 줄어들고 있다는 것이다. 2011년 12.8권에 비하면 한참 모자란 숫자다. 더욱이 그나마 독서량이 많던 청소년층에서도 감소세를 보이고 있어서, 쉽게 넘어갈 문제는 아니다.

그런데 왜 아이들은 책을 멀리하는 것일까? 문화체육관광부 조사 결과는 매우 흥미롭다. '시간이 없어서'가 1위라는 것이다. 학교 공부나 학원 과제로 책을 읽을 시간이 없다니, 울어야 할지 웃어야 할지 곤혹스럽기만 하다. 그럼 독서는 공부만큼 중요하지 않은 일일까? 하우메대학교 곤잘레스(González) 교수팀은 '아니다'라고 말한다. 독서는 공부만큼이나 뇌를 흥분시킨다는 것이다.[87] 연구를 살펴보기 전에, 다음의 단어를 읽어 보자.

마늘, 커피, 레몬, 민트, 장미꽃, 비누

이 단어들은 어떤 특징을 가지고 있는가? 그렇다. 향을 가지고 있는 단어들이다. 글자를 읽는 것만으로도 머릿속에 냄새가 맴돌기에 실물이 눈앞에 있는 것만 같은 착각이 든다.

그럼 다음의 단어들은 어떤가?

> 종, 열쇠, 피아노, 드럼, 다트, 안경

앞선 글자와 달리 이미지가 떠오른다. 왜 이러한 현상이 발생하는 것일까? 곤잘레스 교수팀은 그 이유가 뇌와 관련 있을 것이라 예상했다. 냄새를 맡지 않았음에도 단어만 보고 냄새라는 즉각적이고도 강력한 정보를 자동으로 떠올린 것은 후각 관련 뇌 부위가 활성화된 것으로밖에 설명이 안 된다는 것이다. 정말 단어를 읽는 것만으로 냄새와 관련된 부분들이 반짝였을까?

이를 알기 위해서는 후각 자극에 반응하는 뇌가 어느 곳인지부터 파악해야 한다. 커피 한 잔을 마신다고 가정해보자. 받아 든 순간 고소한 향이 진동한다. 냄새를 인식하기까지는 찰나지만 그 과정은 만만치 않다. 우선 냄새를 유발하는 물질은 코를 통해 후각신경구(olfactory bulb)로 전해진다. 향을 인식하는 관문인 셈이다. 그다음에는 후각의 뇌라 불리는 조롱박 피질(piriform cortex)로 보내져 일차적으로 냄새를 인식한다. 이후에는 편도체, 해마, 후각구 등을 거치는데 여기까지를 1차 후각 영역이라 부른다. 마지막 타자는 안와전두피질(orbitofrontal cortex)로 최종적으로 냄새를 구별한다. 냄새 하나를 맡는 데 이처럼 많은 곳이 관여한다니, 놀라울 뿐이다.

연구진은 냄새와 관련된 단어를 읽는 것만으로 후각과 관련된 뇌가 활성화되는지 확인하기 위해 피험자들을 모집했다. 실험에 참여한 사람은 모두 23명으로, 언어나 청각 장애, 정신, 신경계 등에 문제가 없는 건강한 사람들이었다. 이는 개인적인 병리나 심리상태로 실험이 왜곡되는 것을 막기 위한 조건이었다. 다음으로 연구진은 실험에 활용할 후각 단어를 선정하기 시작했다. 실험의 성패가 단어에 달린 만큼 선정에 신중에 신중을 가했다. 각 단어가 얼마나 후각과 관련 있는지 알아보는 사전 조사를 진행했는데, 그 결과 6점 이상의 고점(7점 만점)을 획득한 단어 40개와 그렇지 않은 단어(1.22점)들을 구분했다. 단, 단어의 길이가 실험에 방해될 것을 염려하여 그 길이는 최대한 같게 조정했다.

실험은 후각 단어와 일반 단어를 번갈아가며 읽는 피험자들의 뇌를 fMRI로 촬영하는 방식으로 이루어졌다. 그리고 그 결과는 연구진의 예

(출처 : J González et al., 2006, 인용)

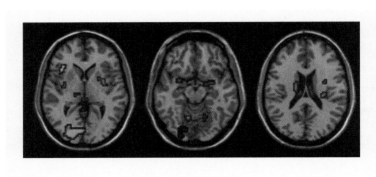

'마늘', '커피' 같은 단어를 읽는 것만으로 후각과 관련된 뇌 영역이 활성화된다. 이때 특별히 많이 활성화되는 뇌 부분은 1차 후각 영역이라 불리는 조롱박 피질과 편도체이다.

상대로였다. 냄새와 연관성이 강한 단어들을 읽자, 후각과 관련된 뇌 부위가 활성화되기 시작한 것이다.

이 외에도 색상과 관련된 단어를 읽자 색상 인식과 관련된 뇌 영역이 활성화되었다는 연구도 있고, '물건을 집다', '발로 차다'와 같은 동사를 읽자 손과 다리 움직임에 관련된 운동 영역이 반짝였다는 호크(Hauk) 교수 팀의 연구도 있다.[88] [89]

이는 아이들의 독서가 단순히 글을 읽는 것 이상의 의미가 있음을 의미한다. 상상력과 창의성을 자극하고 싶은가? 그렇다면 책을 넌지시 건네주자.

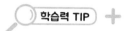

책을 싫어하는 아이에게는 이렇게!

1. 우리는 여가 시간에 책을 얼마나 읽을까? 2017년 문화체육관광부에서 실시한 국민독서실태조사에 따르면, 주말에 독서를 하는 비율은 8.4%라고 한다. 322분이라는 휴일 평균 여가 시간 중 고작 8.4분만 책을 읽는 것이다. 다양한 매체가 발달함에 따라 책 이외에도 즐길 거리가 많아진 탓이다.

   그런데 만약 TV가 사라진다면 어떨까? 긴 주말을 무엇을 하며 보내야 하나 걱정부터 든다면 TV 과의존을 의심해봐야 한다. 송신탑이 망가져 130만대의 TV가 1년간 활동을 멈췄던 1974년 프랑스 브르타뉴의 주민들도 처음에는 그랬다. 그러나 도리어 독서나 바깥 놀이를 즐긴 탓에 정신적, 신체적으로 더욱 건강해졌다. TV가 없으면 스마트폰을 보면 된다고? 그럼 스마트폰으로 데이터를 전송하는 통신망이 망가졌다고 상상해보자.

일주일에 하루쯤은 독서하는 날로 정해 실천해보는 것도 좋을 것이다.

2. 고등학교 시절 공부를 아주 잘했던 아이를 상상해보자. 대학생이 된 지금에도 여전히 상위권 학생이라는 소식은 전혀 새롭지 못하다. 원래 잘했으니 그러려니 싶은 것이다. 그런데 하위권이었던 아이가 대학을 가더니 '과탑'이 되었다면? 도대체 무슨 일이 있었는지 당장이라도 찾아가 묻고 싶을 것이다.

이 실험을 진행한 클레어리(Clary) 교수팀에 의하면, 사람들은 자기 예상과 다르게 전개될 때 더 많은 추측과 가능성을 탐색한다.[90] 반전의 원인을 찾기 위해 고군분투하는 것이다. 이 효과는 독서에서도 통한다. 예상치 못한 극적인 변화나 반전이 있는 드라마나 책에 한번 빠지면 헤어나오지 못하듯 말이다. 혹시 아이가 책 읽기를 싫어한다면, 반전의 묘미가 있는 책을 권해보자. 책이 주는 즐거움에 날 새는 줄 모를 것이다.

토의에 토의를 거치면
정답과 가까워질까
-협력할 줄 아는 아이들의 동반 성장-

08

다양한 대안 중 더 나은 선택을 위해 협의를 진행하곤 한다. 그런데 가끔 이런 토의가 정말로 우리를 합리적인 결론에 다다를 수 있도록 돕는지 궁금할 때가 있다. 우리는 토의를 할수록 정답에 가까워지고 있을까?

토의를 거칠수록 정답에 가까워진다.

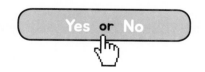

52%에 그쳤던 정답률이 토의를 거치자 68%까지 치솟았다.

토론과 토의, 혼용하여 쓰는 두 단어지만 다수가 의견을 교환한다는 형태만 비슷할 뿐 성격은 전혀 다르다. 우선 토론은 논쟁이다. 서로 다른 주장을 가진 사람들이 한데 모여 자기 생각을 관철하기 위해 치열하게 벌이는 전쟁이다. 따라서 흥정이나 타협이 없다. 토론이 대립의 아이콘이라면 토의는 좀 더 부드러운 합의라고 할 수 있다. 의견을 공유하며 가장 이상적인 결정을 내리는 과정이기 때문이다. 직장이나 학교에서 이뤄지는 대부분의 의견 교환이 토의인 셈이다. 여기서 한 가지 궁금한 것이 있다. 바로 혼자 생각하는 것보다 여러 사람이 의견을 주고받는 토의를 거치면 보다 합리적인 결론에 도달할 수 있느냐는 것이다. 콜로라도대학교의 스미스(Smith) 교수팀은 간단한 방법으로 토의가 가진 힘을 증명해 냈다.[911] 그들의 연구를 함께 살펴보자.

연구진은 토의의 중요성을 알아보기 위해 대학 초년생 350명을 모집한 뒤 문제를 풀게 했다. 그러고 나서 자신이 생각하는 정답을 클리커스(clickers)를 통해 표현하도록 했다. 클리커스가 뭐냐 하면, 먼저 관객과 소통하며 문답이나 OX 퀴즈를 하는 TV 프로그램을 떠올려보자. 관객이 무언가를 하나씩 쥐고 있는 모습을 본 적이 있을 것이다. 이것이 바로 클리커스다. 'O'와 'X' 같은 버튼이 달려 있어 청중들의 의견을 수렴할 때 쓰인다. 그런데 미국에서는 클리커스를 수업에서도 활용한다. 개개인의 생각을 빨리 취합할 수 있어 수업 중간중간 아이들이 배운 것을 확인하는 데 활용되곤 한다. 스미스 교수팀도 배움의 수준을 즉각적으로 확인할 수 있는 클리커스를 활용하기로 했다. 단, 참여자들이 기기에 익숙지 않은 점을 고려하여 본격적인 실험에 앞서 클리커스를 활용한 수업을 진행했다.

그렇게 준비 기간이 지나고 실험 당일, 피험자에게 수업과 관련된 한 가지 질문을 던졌다. 채점 결과는 정답 52%, 오답 48%로 거의 비슷했다. 스미스 교수팀은 토의의 힘을 알아보기 위해 정답을 알려주지 않은 채 피험자끼리 토의를 하게 했다. 토의는 효과적이었다. 정답률이 68%까지 치솟은 것이다. 몇 번의 토의를 더 거친 후 진행된 최종 시험에서는 72%

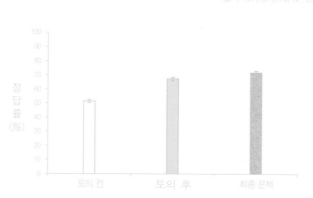

(출처: MK Smith et al., 2009, 인용)

문제를 제시한 후 토의를 거치게 하자 정답률이 16% 상승했다.

가 올바른 답을 내놓았다니, 토의는 대화를 나누는 것 이상의 힘을 가지고 있다고 할 수 있다.

연구진은 토의를 통한 배움이 문제 수준과 상관없이 일어나는지 궁금했다. 그래서 기존 실험 방법은 유지한 채 문제 수준만 달리해보기로 했다. 피험자들은 연구진의 의도대로 쉬운 문제 5개, 보통 수준의 문제 7개, 어려운 문제 4개 총 16개의 문제를 해결했다. 그 결과, 토의의 힘은 어려운 문제일수록 빛을 발했다. 최종 시험에서 토의 전후의 정답률을 비교했을 때 쉬운 문제는 12%, 보통 수준의 문제는 16%에 그친 반면, 어려운 문제는 무려 38%나 성장된 모습을 보였다. 이는 어려운 문제일수록 동료 간 토의가 필요하다는 주장을 뒷받침하는 결과라 볼 수 있다.

(출처: MK Smith et al., 2009, 인용)

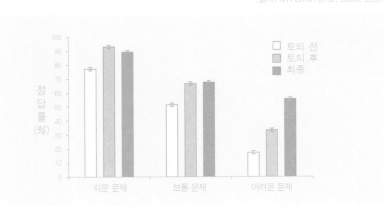

토의로 인한 성장률을 문제 난이도별로 비교해본 결과, 어려운 문제일 때 가장 효과적인 것으로 나타났다.

그렇다면 무엇이 그들을 성장의 길로 이끌었을까? 혹시 공부를 잘하는 학생의 답을 따라 그대로 누른 것은 아닐까? 아니면 정말로 토의를 거치며 배움에 다가선 것일까? 이는 오답을 선택했던 이들의 반응을 보면 알 수 있다. 첫 번째 문제의 오답률은 48%였다. 350명 중 168명이 배움을 얻지 못한 것이다. 토의를 거치며 어느 정도 나아지기는 했지만, 토의 후에도 97명은 여전히 오답을 가리켰다. 만약 공부를 잘하는 아이를 단순히 따라 한 것이라면 168명 모두 정답을 선택해야 하는데 말이다. 이는 아이들이 한 아이의 의견에 동조하지 않았음을 의미한다. 실제로 모든 실험을 마친 후 피험자들을 인터뷰한 결과, 자신의 모둠에 공부를 잘하는 아이가 있는 것이 답을 선택하는 데 큰 영향력을 미치지 못했다고 대답한 사람이 상당수였다.

이 실험이 더 의미 있는 까닭은 동료 간 토의가 학습 능률은 물론 효과까지 높일 수 있다는 결과 때문이다. 더욱이 혼자가 아닌 모두가 성장할 수 있기에 무엇보다 가치가 있다. 감정 또는 편견에 사로잡히지 않고 논리적으로 친구의 의견을 분석, 평가하는 비판적 사고능력과 함께 성장하는 공동체 역량을 높이고 싶은가? 그렇다면 다음과 같이 해보자.

토의 능력을 키우고 싶다면 이렇게!

1. 토의 주제는 크게 세 가지 성격으로 나눌 수 있다. 첫 번째는 '환경오염에는 어떤 것들이 있을까?' 같은 문제 인식형이다. 특정 주제에 대해

깊게 생각해봄으로써 관련 지식을 확장하는 효과가 있다. 두 번째는 '환경보호는 왜 필요할까?'와 같이 그 가치를 생각해보는 숙고형이다. 그리고 마지막은 '환경오염을 줄이기 위해 내가 할 수 있는 것은 무엇일까?'를 묻는 실천형이다.

토의에 서툴다면 문제 인식형부터 도전할 것을 추천한다. 충분한 과정 없이 실천형부터 들어가는 것은 배경 지식의 부재로 자칫 수박 겉핥기 식의 토의가 진행될 수 있기 때문이다. 아이들의 토의 능력 향상은 주제 선정이 반이라는 사실을 잊지 말자.

2. 토의에 참여하기 위해서는 사람마다 생각이 다름을 인정해야 한다. 그렇지 않을 경우 자기주장만 펼치다 끝날 수 있기 때문이다. 혹시 토의 중 다른 사람의 말에 귀 기울이지 않거나 발언 차례를 지키지 않는다면 잠시 멈추고 경청 자세에 대해 강조하도록 하자.

능력자의 보고서는
무엇이 다를까

-탁월한 보고서 만들기-

요새 아이들은 자유 탐구 보고서 작성으로 정신이 없다. 학기 초 정한 주제에 대한 답을 찾아가는 과정을 문서로 정리하는 것이다. 그런데 특이한 것은 개성만큼이나 글의 유형도 다양하다는 것이다. 어떤 아이는 글로만 작성하는 한편 그림이나 그래프 같은 보조 자료를 추가하는 아이도 있다. 글과 그림의 조합이 가장 효과적일 것 같은데 말이다.

사진은 글에 대한 신뢰도를 높인다.

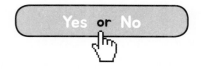

보고서에서 사진은 글의 신뢰도를 높인다.

바보상자로 비유됐던 텔레비전이 수학 성
적에 도움이 된다면 믿기는가? 112명의 아
이를 대상으로 실험한 케임브리지대학의
제임스(James) 교수팀은 그렇다고 말한다.
텔레비전 시청 후 수학 문제를 풀었던 모둠
이 그렇지 않았던 모둠에 비해 오류는 50%
준 반면 정답률은 40%나 증가했다는 것이

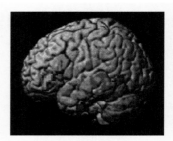

텔레비전을 시청할 때와
수학 문제를 해결할 때의 우리 뇌

(출처: DP McCabe, AD Castel, 2008, 인용)

다. 특히 fMRI를 들여다본 결과 텔레비전을 보는 것과 산술 문제를 완
성하는 아이들의 뇌 모두 측두엽을 활용했다고 하니, 서로에게 긍정적인
영향을 미쳤다고 볼 수 있다.

혹시 위 글을 읽으며 고개를 끄덕였는가? 그런데 사실 이 글은 지어낸
이야기일 뿐이다. 케임브리지대학의 연구도 아니고 제임스 교수가 그 학
교에 근무하는지조차 모른다. 아울러 수학 문제를 해결할 때 활성화되는
것은 측두엽이 아니라 수와 공간이 상호작용하는 두정엽이다. 더욱이 삽
입된 뇌 사진은 인터넷에서 흔히 볼 수 있는 측두엽 모습에 불과하다. 그
럼에도 불구하고 위 글에 신뢰가 갔던 이유는 무엇일까? 콜로라도주립
대학교 맥케이브(McCabe) 교수팀은 글에 실린 사진 덕분이라 말한다. 인
터넷에 떠돌아다니는 사진 한 장이 당신의 믿음을 샀다는 것이다. 그들

이 그렇게 말하는 까닭 '백문이 불여일견'이라는 연구를 통해 살펴보도록 하자.[92]

맥케이브 교수팀은 피험자로 선정된 1,500명에게 그럴듯하게 꾸민 가짜 기사를 작성하여 피험자들에게 읽게 했다. 그들이 읽은 뉴스 역시 텔레비전과 산수 문제해결은 측두엽을 사용하기에 텔레비전 시청은 수학 성적 향상에 도움이 된다는 내용이었다. 단, 글의 양식은 달랐는데 첫 번째 모둠은 글만 있는 기사를, 두 번째 모둠은 지문과 관련된 그래프를, 세 번째 모둠은 뇌 이미지를 함께 제시했다. 그러고 나서 지금 읽은 뉴스가 과학적으로 타당한지를 4점 만점으로 평가하게 했다.

그 결과, 본문에 그림이나 표가 추가되었다고 해서 제목이 지니는 함축성이나 기사의 질이 더 높다고 느끼는 사람은 없었다. 세 모둠 모두 통계적으로 유의미하지 않을 정도였다. 그러나 지금 읽고 있는 글이 과학적으로 일리가 있는지를 묻는 말에는 답변이 갈렸다. 뇌 사진을 동반한 세 번째 모둠이 그래프나 글을 제공했던 모둠보다 더 높은 점수를 얻은 것이다. 왜 그랬을까? 연구팀은 뇌 이미지가 다른 것들에 비해 더 직관적이기에 사람들에게 쉽게 다가갈 수 있었고 결국 믿음을 끌어낸 결과라 설명했다. 사진 한 장이 이토록 강력하다니 놀라울 따름이다.

이 연구가 학습 분야에 시사하는 바는 크게 두 가지다. 첫 번째는 사회과학과 같이 신뢰도가 필요한 과목을 공부할 때는 관련된 사진을 참고하

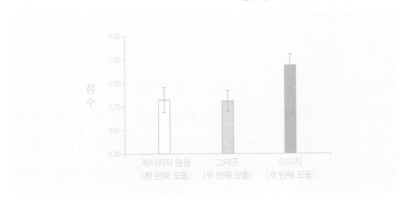

보고서의 양식에 따른 사람들의 신뢰도 차이: 사진이 들어갔을 때 사람들은 가장 신뢰를 보이는 것으로 나타났다.

라는 것이다. 특히 사실관계가 확인되었을 때 문제해결, 창의적 사고 같은 고차적 인지 작업에 돌입하는 이과형 아이들에게는 이러한 방법이 더욱더 효과적이다. 두 번째는 보고서 작성 부분이다. 흔히 보고서를 직장인의 전유물로만 생각하곤 한다. 그러나 학교생활을 하다 보면 아이들도 다양한 문서를 작성한다. 학생 스스로 주제를 정하고 해결하는 방법과 과정을 담은 자유 탐구가 대표적인 예다. 학생들의 탐구 보고서는 훗날 관련 학과 진학에 활용되기에 더욱 중요하다 할 수 있다.

혹시 아이가 보고서를 작성 중이라면 관련 사진을 활용할 것을 추천해보자. 적재적소에 제시된 사진이 사람들의 이목은 물론 신뢰까지 끌어낼 수 있을 것이다.

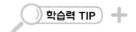

자기 생각을 논리정연하게 문서화하는 보고서 작성을 처음부터 잘하는 아이들은 없다. 사람들의 마음을 사로잡는 보고서 작성에도 일정한 교육이 필요하다. 그렇다면 어떤 것부터 가르쳐야 할까?

1. 우선 문서의 목적부터 이해시켜야 한다. 보고서가 존재해야 하는 이유를 명확히 인지함으로써 앞으로 전개될 일에 대한 계획을 수립하는 것이다. 예쁘고 멋진 서식을 얻는 데 큰 노력과 시간을 쏟느라 중요한 것을 놓쳐서는 안 된다. 보고서의 시작은 목적을 분명히 해야 한다는 것임을 잊지 말자.

2. 목적을 확실히 했다면 정보를 수집하게 해야 한다. 이때 확인할 것은 그 정보가 믿을 만하냐는 것이다. 특히 가짜 뉴스와 정보가 판을 치는 요즘은 이러한 작업이 무엇보다 중요하다. 그렇다면 믿을 만한 정보를 어떻게 얻을 수 있을까? 만약 중·고등 학생이라면 관련된 논문이나 문서를 찾아볼 수 있는 학술 검색 사이트를 활용하는 것을 추천한다. 학문적 깊이가 타 자료보다 깊을 뿐만 아니라 다양한 방식으로 검증되었기에 타당도나 신뢰도 측면에서 유리하기 때문이다. 단, 전문적 성향이 강한 것들은 어른들과 함께 읽고 해석하는 것이 바람직하다.

3. 정보를 수집한 다음 필요한 것은 현재의 문제점을 해결할 방식을 산

출하게 하는 것이다. 이 단계에서 정해진 방법은 없다. 여론조사를 통해 사람들의 의견을 물어도 좋고, 브레인스토밍 같은 방법을 이용해도 좋다. 보고서 작성의 핵심인 만큼 신뢰도를 높일 수 있는 사진을 포함하는 것이 사람들의 믿음을 얻는 데 더 효과적이다. 단, 이 방법만이 답이라는 뉘앙스를 풍기는 것은 오히려 역효과를 내기 쉽다. 현재의 선택으로 인해 놓치는 것과 그에 대한 대안까지 작성한다면 그야말로 금상첨화일 것이다.

음악가는 공간에 더 밝을까

-음악과 공간지각 능력의 상관관계-

10

수학을 유독 싫어하는 아이가 있다. 그런데 놀랍게도 도형이나 공간을 다루는 수학 단원에서는 친구들보다 월등했다. 평소 오케스트라 단원으로 활동하던데 그것과 관련이 있을까?

우연의 일치일 뿐 악기 연주 능력과 기하학은
전혀 관련이 없다.

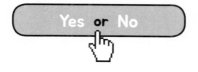

Yes **or** No

음악가는 공간지각 능력을 판단하는 수단 중 하나인 입체도형 회전 판별 능력에서 타 직업군을 압도했다.

음악과 기하학은 서로 상관관계가 없어 보인다. 고도의 감성을 요구하는 음악과 논리와 이성의 학문인 수학이 이질적인 탓이다. 그런데 '도레미 파솔라시도'를 피타고라스가 정립했다는 사실을 아는가? 음높이를 표현할 수 있는 편경과 편종을 만들 때 장영실이 도왔다는 기록도 있다. 수학과 음악은 우리가 생각하는 것보다 많은 것을 공유하고 있었던 것이다. 영국 리버풀대학교의 슬러밍(Sluming) 교수팀도 실험을 통해 음악과 기하학이 절친 관계라고 밝혔다. '음악가의 특별한 능력'이라는 연구를 통해 두 학문의 연결고리를 찾아보자.[93]

음악가가 가진 특별함을 알아보기 위해 남성 음악가 10명을 모집했다. 그중에는 바이올리니스트, 첼리스트와 더블베이스 주자도 있었다. 연구진은 음악가와 다른 직종 종사자의 공간지각 능력을 비교하기 위해 '3DMR'이라 불리는 3차원 도형 회전을 활용했다. '3DMR'은 아주 비슷한 두 도형이 제시된다. 아래 도판의 (가)를 살펴보자. 두 도형은 같은가? 정답은 '같다'. 그럼 (나)는 어떤가?

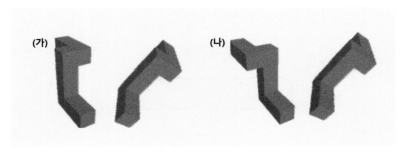

(출처: V Sluming, J Brooks, 2007, 인용)

서로 다르다. 얼핏 같아 보이지만, 윗부분이 다르기에 아무리 머릿속으로 이리저리 회전해보아도 일치하지 않는다. 이러한 작업은 공간을 구조화하고 추상화하는 능력을 요하기에 공간지각 능력 측정에 많이 활용된다. 그렇다면 수준급의 음악가들과 그들의 대조군으로 참여한 의학 및 과학부의 공간지각 능력에는 어떤 차이가 있었을까?

연구 결과는 흥미로웠다. 음악가들의 정확률은 81%에 달했다. 다른 분야의 전문가들이 보인 73%에 비하면 높은 수치였다. 기하에 더 능할 것 같았던 과학도와 의학도를 이겨버린 것이다. 흥미로운 점은 이것만이 아니었다. 사람들이 가장 어려워하는 135°나 180° 구간에도 음악가들은 막힘이

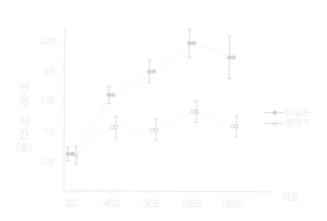

(출처: V Sluming, J Brooks, 2007, 인용)

음악가들과 다른 분야 전문가들의 입체도형 회전 능력을 비교해본 결과, 음악가가 정확도와 응답 속도 모두 높은 것으로 나타났다

없었다. 그뿐 아니라 응답 속도 또한 높았다고 하니 보통 사람들보다 음악을 전공한 사람들이 공간감각에 있어서 더 월등하다고 볼 수 있다.

그 원인은 무엇일까? 모두가 알다시피 악기를 연주하는 것은 그리 단순치 않다. 오선에 수놓인 여러 가지 정보를 해석할 수 있을 정도로 숙련이되어야 아름다운 곡을 연주할 수 있다. 그렇다면 음악가들은 어떻게 악보에 표현된 음정, 리듬 따위를 단번에 파악하는 것일까?

놀랍게도 그들은 오선을 공간화한다고 한다. 오선지를 음표가 오르내리는 계단으로 보는 것이다. 한 칸 한 칸 오르내리다 보면 음계가 되고, 이들을 잘 조합하면 아름다운 음악이 된다. 그렇다 보니 일반인보다 공간지각 능력이 앞설 수밖에 없고 3DMR 점수 또한 높았던 것이다. 그뿐아니다. 나이가 들수록 점수가 낮아지는 공간지각 능력 검사에서 음악가직군은 도리어 높아졌다고 한다. 음악을 잘할수록 기하에 밝다는 것이사실인 셈이다.

공간지각 능력 향상은 이렇게!

1. 공간지각 능력을 기껏 길이나 찾는 것으로 생각한다면 오산이다. 어린 시절 공간지각 능력이 높았던 아이들을 30년간 추적한 켈(Kell) 교수팀은 그들이 성인이 되어서도 수학이나 과학 분야에서 우수한 실력을 드러냈던 것을 발견했다.[94] 특히 공간지각 능력은 새로운 것을 창조하거나 주어진 문제를 합리적으로 해결하는 데 큰 영향을 미친다고 한다.

2. 한때 '모차르트 효과'라는 것이 세상을 흔든 적이 있다. 라우셔
   (Rauscher) 박사팀이 발견한 이 현상은 모차르트의 「두 대의 피아노를
   위한 소나타 D 장조」를 10분간 듣는 것만으로 IQ가 8%, 공간지각 능
   력이 30% 높아졌다는 실험에 근거한다.[95] 이후 수치가 너무 높다는 등
   의 갖은 지적을 받긴 했지만, 음악이 공간지각 능력 향상으로 이어진
   다는 결과는 변함이 없다. 공간과 관련된 수학 공부를 눈앞에 두고 있
   는가? 그렇다면 클래식 한 곡을 듣고 시작해보기를 추천한다.

3. 남성이 공간지각 능력에 밝다는 생각은 오래전부터 우리를 지배해왔
   다. 그러나 타람피(Tarampi) 교수는 편견에 불과하다고 말한다.[96] 남학
   생과 여학생을 대상으로 진행한 공간지각 능력 검사에서 별다른 차이
   를 발견하지 못한 것이다. 단, 공간지각 능력에 약하다는 말을 들은 여
   학생은 성적이 떨어졌다고 하니, 괜한 말로 아이들의 능력을 틀에 가
   두지 않도록 유의해야 한다.

Part 4

자존감의 비밀

행복하고 똑똑한 아이를 위한 건강한 자존감

칭찬은 무조건 좋을까

-좋은 칭찬과 나쁜 칭찬-

01

초등학교 저학년 담임을 맡고부터 '하루에 한 번 칭찬하기' 운동을 하고 있다. 오늘도 "잘했어", "똑똑하다" 같은 말에 행복해하는 아이를 보며 뿌듯함을 느낀다.

아이의 좋은 점을 높이 평가하는 칭찬은 무조건 옳다.

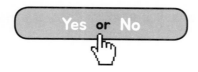

지능만을 높이 평가하는 칭찬은 아이를 무기력에 빠뜨릴 수
있다.

당신은 칭찬에 인색한 편인가, 아니면 후한 편인가? 대체로 교사나 자녀
를 둔 부모는 다른 이들에 비해 칭찬에 후한 편이다. 선생님의 칭찬 한마
디에 뛸 듯이 좋아하는 아이들을 보면 기쁜 마음에 사소한 것 하나도 놓
치지 않고 치켜세워주는 것이다.

그런데 훌륭한 일을 높이 평가하는 칭찬에도 스타일이 있다. 주어진 과
제를 훌륭히 해결한 아이가 있다고 가정해보자. 아래의 두 가지 칭찬 중
어떤 말을 해주고 싶은가?

칭찬의 두 종류

(가) 정말 똑똑하구나.
(나) 실력이 많이 늘었구나.

(가)를 선택했다면 당신은 지능형이다. 한 설문조사에 따르면, 미국 학부
모의 85%가 지능형 칭찬을 선호한다. 아이의 머리가 똑똑함을 강조함으
로써 학습 동기와 성적 모두를 잡고자 한 것이다. 그렇다면 (나)는 어떤
가? 타고난 능력을 강조하는 (가)와 달리 문제를 해결하는 과정을 중요시
하고 있다. 목적을 이루기 위해 투자한 시간과 힘을 가치 있게 여기기에
노력형 칭찬이라 한다.

둘 중 어떤 것이 아이의 발전에 효과적일까? 컬럼비아대학교 뮐러

(Mueller) 교수팀은 칭찬에도 부작용이 있으며, 노력형 칭찬이 옳다고 말한다.[97]

뮐러의 연구에 참여한 5학년 아이들은 흔히 말하는 천국과 지옥을 오가게 된다. 시험 결과에 상관없이 칭찬과 좌절이 주어질 예정이었기 때문이다. 처음으로 맛볼 것은 칭찬이었다. 연구진은 사전 테스트 채점 결과를 100점 만점 중 80점으로 설정하고 아이들을 칭찬하기 시작했다. 첫 번째 모둠이 받은 칭찬은 "똑똑해" 같은 지능형이었다. 모든 것이 뛰어난 지능에서 비롯되었음을 강조했다. 이와 달리 두 번째 모둠은 "애썼어"와 같은 노력형 칭찬의 말을 들었다. 칭찬은 고래도 춤추게 한다고 했던가. 두 모둠 모두 입가에 미소가 번졌으며 방방 뛰며 좋아하는 아이들도 있었다. 그러나 기쁨도 잠시. 연구진은 곧 중간 시험이 진행될 것이라고 알렸다. 일방적으로 주어졌던 사전 시험과 달리 이번에는 쉬운 것과 어려운 것 중 직접 난이도를 고를 수 있다고 알렸다.

아이들의 선택은 극과 극이었다. 우선 명석한 두뇌를 칭찬받은 첫 번째 모둠은 쉬운 쪽으로 기울었다. 전체의 67%가 쉬운 문제를 선택한 것이다. 이는 괜스레 어려운 문제를 골라 많이 틀림으로써 친구들에게 망신을 당하고 싶지 않은 마음과 똑똑하다는 평을 유지했으면 하는 욕구에서 비롯된 현상으로 볼 수 있다.

그럼 노력형 칭찬을 받았던 아이들은 어땠을까? 체면을 중시했던 첫 번째 모둠과 달리 92%가 "비록 내가 틀려서 똑똑해 보이지 않을지라도 배울 것이 많은 문제를 선택하고 싶다"고 말했다. 지적 호기심만 채울 수 있다면 틀리는 것 정도는 감내할 수 있다고 생각한 것이다.

반응을 살핀 연구진은 중간 시험을 진행하기로 했다. 자기 선택대로 시험을 보게 될 줄 알았던 기대와 달리 두 모둠 모두에게 높은 난도의 문제를 제공했다. 그렇게 4분이 흘렀고 어김없이 채점이 이뤄졌다. 이번에 설정된 점수는 50점이었다. 부정적인 피드백을 제공함으로써 지옥을 맛보게 할 예정이었던 것이다.

그 뒤, 지능을 칭찬받은 아이들은 남은 문제를 집에 가져가 풀어도 좋다는 연구진의 말을 매몰차게 거절했다. 미해결된 과제를 지속할 마음이 없었던 것이다. 연구진은 이를 두고 실패를 거듭하지 않고자 하는 자기

(출처: CM Mueller, CS Dweck, 1998, 인용)

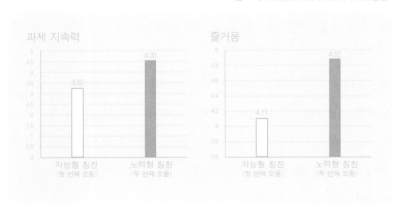

노력에 대한 찬사를 받은 아이들은 능력에 대한 칭찬을 받은 아이들보다 못다 한 과제를 해결하고자 하는 욕구가 높았으며 문제해결을 더 즐겼다.

방어 심리가 작용된 것이라고 설명했다. 이와 달리 노력형 칭찬을 받은 아이들은 과제를 지속하겠다는 의지를 보였으며 문제해결이 즐거웠다고 대답한 아이도 있었다. 이처럼 지능형 칭찬과 노력형 칭찬은 같은 칭찬이라도 효과는 정반대로 나타났다.

밀러 교수팀은 한발 나아가 '중간에 알게 된 실패 사실이 성적에 어떤 영향을 미치는지' 알아보기로 했다. 이에 보통 수준의 문제를 준비하여 최종 시험을 치렀다. 하루에 사전, 중간, 최종 이렇게 세 번의 시험을 본 피험자가 대단해 보이는 순간이다. 중간 난이도로 진행된 사전부터 최종 점수 비교의 결과는 경이로웠다. 대동소이했던 첫 번째 시험 결과와 달리, 시험을 거듭하면 거듭할수록 두 모둠의 수준 차이가 크게 났기 때문

(출처: CM Mueller et al., 1998, 인용)

노력형 칭찬을 받은 아이들의 성적은 시험을 거듭할수록 성적이 오른 반면, 지능형 칭찬을 받은 아이들의 성적은 떨어졌다.

이다.

똑똑한 머리를 칭찬받은 첫 번째 모둠의 성적은 점점 아래로, 노력을 칭찬받은 두 번째 모둠의 성적은 점점 위로 올라가는 형태를 띠었다.

지능형 칭찬을 받은 아이가 좌절에 무기력했던 까닭은 무엇일까? "똑똑해" 같은 칭찬을 많이 받은 아이가 어쩌다 일을 그르쳤다고 상상해보자. 이제까지의 성공이 명석한 두뇌 덕분이라는 믿음은 온데간데없고, 실패의 원인이 자신의 능력 부족 탓인 것만 같다. 자존감이 순식간에 낮아진 것이다.

그러나 노력에 대한 칭찬은 다르다. 비록 실패할지라도 능력은 하나의 요인일 뿐이지 온전히 능력 탓이 아니기에 금방 회복할 수 있다. 회복 탄력성 측면도 노력형 칭찬이 더욱 우세한 셈이다.

더 나은 성취를 하고 싶거나 실패 후 적응성을 높이고 싶다면 지금 당장 아이들의 노력에 칭찬하는 말 한마디를 해보도록 하자. 이거야말로 열정에 기름을 붓는 것이 아닐까 싶다.

노력형 칭찬은 이렇게!

1. 지능형 칭찬은 힘들이지 않고도 쉽게 할 수 있다. 어린 시절부터 지금까지 이런 류의 칭찬에 익숙해서다. 그러나 노력형 칭찬은 대부분의 사람들이 무슨 말을 어떻게 해야 할지 망설이곤 한다. 만약 그렇다면 '지금 여기' 법칙을 이용해보는 것도 좋다. "공부를 정말 열심히 하는구

나"와 같이 현 상태를 언급함으로써 칭찬의 포문을 여는 것이다. 입을 뗀 순간, 노력형 칭찬의 절반은 끝났다고 봐도 된다.

2. 현재의 모습을 언급했다면 이제는 과정을 살펴보면 된다. 현재의 결과가 있기까지의 노력을 북돋아주는 것이다. "점점 집중하는 시간이 늘고 있어"라거나 "그동안의 노력이 헛되지 않았어" 같이 말이다. '지금 여기'가 시작이라면 과정에 대한 노고를 알아주고 칭찬해주는 것은 노력형 칭찬의 최고점이라 할 수 있다.

3. 『인관관계론』을 쓴 카네기는 아주 작은 진전에도 칭찬을 아끼지 말라고 했다. 작은 성공에 주어진 칭찬이 원동력이 되어 결국 큰일을 해낸다는 것이다. 자존감과 성장 모두를 챙기고 싶다면 노력형 칭찬을 아끼지 말자.

행복하면 성적이 좋을까

-외로움과 지능의 상관관계-

02

최근 성적이 크게 떨어진 아이와 상담을 하게 되었다. 이런저런 이야기 중 요새 교우관계로 스트레스를 받고 있으며 외롭다는 생각이 자주 든다고 고민을 털어놓았다. 외로움이 성적에 큰 영향을 미칠 수 있을까?

쓸쓸한 노년을 보낼 것이라 믿은 피험자의 IQ는 그렇지 않은 이들에 비해 떨어졌다.

모든 인간은 좁게는 가정부터 넓게는 국가까지 다양한 집단에 속해 있다. 그런데 왜 우리는 집단이라는 테두리 안에 스스로를 가두는 것일까? 나무젓가락을 떠올려보자. 나무젓가락 하나는 매우 하찮아 보인다. 어린아이도 마음만 먹으면 쉽게 부러뜨릴 수 있을 정도다. 그러나 하나에 하나가 더해지고 그 수가 많아졌을 때는 달라진다. 모이면 모일수록 강해지는 것이 집단이다. 인간도 마찬가지다. 거대한 자연 생태계의 먹이사슬에서 한낱 먹잇감에 불과했던 인간이 생태계의 맨 꼭대기에 설 수 있었던 것도 집단을 이루었기에 가능했다.

개인의 자유를 일부 포기하면서까지 집단을 이루며 사는 것은 다름 아닌 생존율을 높이기 위한 전략이다. 그래서일까, 사람들은 소속되지 못하고 배제되어 있다고 느끼는 순간 공격적으로 바뀐다. 게임 전에 참여자들에게 의도적으로 따돌림을 당하고 있다고 느끼게 하자, 패배자에게 평소보다 강도 높은 벌칙을 줬다는 연구 결과가 있을 정도다.[98] 케이스웨스턴 리저브대학교 바우마이스터(Baumeister) 교수는 한발 나아가 사회적 배제가 인지 과정에도 악영향을 미친다고 말한다. 외로우면 어리벙벙해진다는 그들의 주장, 사실인지 살펴보자.[99]

외로움과 지능의 상관관계를 밝히기 위해서 연구진에게 맡겨진 첫 번째 임무는 피험자가 의지할 곳이 없어 쓸쓸함을 느끼게 하는 것이었다. 연구진은 심리검사를 활용하기로 했다. 검사에서 나온 내용으로 피험자의 마음의 문을 여는 동시에 그럴듯한 이야기를 들려줌으로써 행복 또는 외로움, 불행이라는 감정에 빠지게 한 것이다. 실제로 안정된 성격을 바탕으로 평생 함께할 친구를 갖게 될 것이라는 이야기를 들은 첫 번째 모둠은 행복을, 현재의 인간관계는 한시적이며 20대를 넘기는 순간 정리될 것이라는 이야기를 들은 두 번째 모둠은 외로움을, 교통사고로 다치거나 병이 드는 등 운이 따르지 않을 것이라는 말을 들은 세 번째 모둠은 불행을 느꼈다고 한다. 이제 남은 일은 각 모둠의 지능변화 즉 IQ를 측정하는 것뿐이었다.

언어적 추론, 수학적 능력, 공간적 능력 측도로 구성된 IQ는 외로움과 지능의 상관관계를 밝히기에 안성맞춤이다. 그 결과, 흥미로운 두 가지 사실을 발견했다. 첫째, 외로움이 정확성을 떨어뜨렸다. 쓸쓸할 것이라는 이야기를 들은 두 번째 모둠의 정답 개수는 다른 모둠에 비해 현저하게 낮았는데, 이는 사회적으로 배제될 것이라는 피드백이 판단 기능에 장애를 일으킨 결과라고 볼 수 있다. 둘째, 외로움은 현 과제를 해결하고자 하는 의욕을 사그라트렸다. 문제 풀이 시도 평균 횟수가 행복을 예고했던 첫 번째 모둠은 32회, 불행을 예고했던 세 번째 모둠은 34회였던데 비해 두 번째 모둠은 27회였기 때문이다. 그런데 여기서 이상한 점이 있다. 바로 '불행' 모둠의 시도가 '행복' 모둠을 앞섰다는 것이다. 상식적으로 보면 기쁜 피드백을 받은 모둠이 더 의욕을 갖고 도전해야 할 것 같은데, 왜 이런 일이 발생한 것일까?

알다시피 외로움은 내 의지와 힘만으로 해결할 수 있는 것이 아니다. 사람과 사람 사이에서 일어나는 상호작용이기에 한쪽의 노력만으로 원만한 관계를 유지할 수 없는 까닭이다. 그렇기 때문에 쓸쓸함을 예고했던 두 번째 모둠은 의욕을 잃을 수밖에 없었고 그 결과 문제 풀이 시도가 줄었다. 그러나 불행할 것이라는 피드백을 받은 피험자는 노력으로 미래를 바꾸고자 했고, 자기 힘으로 이 역경을 헤쳐나가겠다는 의욕을 보였다. 그래서 만족스런 피드백으로 현재에 안주한 첫 번째 모둠보다 더 많이 시도했다. 그렇다면 불행한 이야기를 들은 세 번째 모둠의 지능이 가장 높았을까? 총 시도 대비 정답률을 분석한 결과, 그렇지 않았다. 도전에는 적극적이었지만 오류를 많이 범해서 정답률은 0.74에 그쳤다. '행복' 모둠의 정답률 0.82에 비해 낮았지만 정답률이 0.69에 그쳤던 '외로움' 모둠에 비해서는 높았다. 결론적으로 노년이 외로울 것이라는 이야기를 들은 모둠의 지능이 가장 낮아졌음을 알 수 있다.

외로움을 느끼는 인간의 판단 능력은 왜 저하되는 것일까? 연구진은 그 원인을 감정에서 찾아보기 위해 IQ 시험을 마친 피험자에게 현재의 기분을 1점부터 7점까지 점수를 매기게 했다. 그런데 결과는 아이러니하게도 세 모둠 모두 불쾌도, 쾌도 아닌 중립을 보고했다. 이는 감정이 주 원인이 아님을 의미한다. 그럼 도대체 무엇이 그렇게 만들었을까? 연구진은 이를 알아보기 위해 두 번째 실험을 준비했다.

연구진은 피험자에게 책 한 권을 읽게 한 후, 그 속에 포함된 구절을 얼마나 많이 기억하는지를 평가했다. 단, 정보 입력에서 문제가 생기는지

(출처: RF Baumeister et al., 2002. 인용)

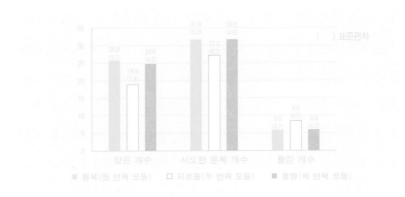

노년을 외로움 속에서 보낼 것이라 말한 뒤 IQ 검사를 진행하자 정확도는 물론 시
도하고자 하는 욕구 또한 저하되는 것으로 나타났다.

아니면 인출에서 장애가 발생하는지 알아보기 위해 첫 번째 모둠은 노년
이 외로울 것이라는 이야기를 들은 후 구절 암기 시험을 진행한 반면, 두
번째 모둠은 순서를 바꿔 책을 읽은 뒤 노년이 외로울 것이라는 이야기
를 들려주었다. 비슷한 현상을 보일 것이라는 연구진의 예상과 달리 문
제는 두 번째 모둠에서만 발생했다. 이미 책의 내용을 숙지했음에도 불
구하고 노년을 쓸쓸히 보낼 것이라는 충격적인 이야기를 듣자 머릿속에
지우개가 있는 것처럼 멈췄던 것이다. 지능 저하는 결국 정보인출 과정
에서 발생한다고 볼 수 있다.

바우마이스터 교수팀은 추가 연구를 통해 외로움은 큰 고민 없이 바로
대답할 수 있는 문제에는 영향을 주지 않지만, 추론 같은 고차원적 사

고 과정에 더 치명적임을 밝혀냈다. 그리고 이제까지의 연구를 바탕으로 '자아고갈(ego depletion)'이라는 개념을 내놓았다. 우리의 자아는 한정적이며, 미래에 대한 통제권을 상실했다고 여기는 순간 에너지가 바닥나 집중력 저하나 의욕 상실을 겪을 수도 있다는 것이다. 외로움이 이토록 큰 영향력을 행사하는 것을 보면 인간은 결코 홀로 살아갈 수 없는 존재인가 보다.

자아고갈이 의심된다면 이렇게!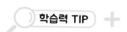

1. 자아가 고갈되면 자기조절 능력도 자연스레 떨어진다. 한정적인 자원을 소모한 탓에 행동이나 감정을 조절하는 데 빈틈이 생긴 것이다. 이런 상태로는 최상의 학습 효율을 기대하긴 어렵다. 목표를 향해 걸어갈 의욕도 없는 아이에게 뛰기를 기대하는 것과 마찬가지니 말이다. 따라서 평소 자아가 고갈되지 않도록 관리하는 것이 중요하다.
그렇다면 자아고갈은 어떻게 막을 수 있을까? 나의 내면에 자주 귀 기울여야 한다. 나를 힘들게 하는 것을 파악하고 하루빨리 해결함으로써 불필요한 에너지 낭비를 막는 것이다. 혹 스트레스로 공부나 일이 손에 잡히지 않는다면 당장 그것부터 해결하도록 하자. 자아고갈을 막을 확실한 방법이다.

2. 자아가 고갈되면 감정을 조절하는 복내측 전전두엽 피질과 위기를 감지하는 편도체의 연결이 느슨해져 부정적인 감정 처리에 더 예민해진

다는 연구 결과가 있다.[100] 만약 아이가 이전과 달리 타인에게 냉소적이거나 회의적인 태도를 보인다면 자아가 고갈되고 있지는 않은지 확인해보자.

3. 금고형에 처한 죄수가 그 잘못을 뉘우쳐 더 이상의 형벌 집행이 필요 없다고 판단될 때 판사는 가석방을 명한다. 일정 조건하에 미리 풀어줌으로써 사회 적응을 돕는 것이다. 그런데 가석방 여부가 심사한 시간에 따라 달라진다면 어떨까? 이에 대해 연구한 댄지거(Danziger) 교수팀은 사법 판결이 꼭 법과 원칙에 따라 집행되지 않을 수도 있다고 지적한다.[101] 아침 식사 후 65%에 달하던 가석방 승인율이 시간이 지나자 점차 떨어져 0%에 가까워졌기 때문이다. 그에 따르면 어떤 일에 매진하는 동안 발생한 자아고갈이 죄수를 더 부정적으로 바라보게 했고, 그 결과 가석방을 망설이게 했다고 한다. 이러한 현상은 학습에서도 동일하게 반복된다. 공부 중 자꾸 떡볶이가 생각난다거나 같은 구절을 몇 번이나 반복해서 읽어도 무슨 내용인지 모르는 그 순간이 여기에 해당한다. 이럴 때는 잠시 공부를 멈추고 간식을 먹거나 쉬는 시간을 갖는 것을 추천한다. 공부도 기계와 같이 연료와 휴식이 있어야 한다는 사실을 잊지 말자.

기대만으로도 아이는 성장할까

-긍정적 기대가 아이를 성장시킨다-

03

얼마 전 동료 교사들의 전폭적인 지원 아래 작성한 기획서가 당선되었다. 주변 사람들의 기대가 현실이 된 것이다. 이런 일을 경험하며 아이들에 대한 기대를 갖고 살아야겠다는 생각이 들었다. 누가 아는가, 기대처럼 성장할지?

아이들은 교사가 기대한 만큼 성장할 것이다.

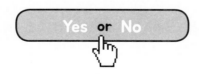

교사가 상위 20%라고 생각하면서 가르친 아이들의 지능이 실제로 높아졌다.

다른 누군가의 기대로 능률이 오른 경험이 한 번쯤은 있을 것이다. 이것을 로젠탈 효과라고 한다. 하버드대학교의 한 실험실에서 미로를 통과하는 쥐들을 바라보던 로젠탈(Rosenthal)은 '주인의 정성과 쥐들의 성적이 비례할까?' 하는 의문을 품었다. 그는 궁금증을 해소하기 위해 미로 통과 성적순으로 주인과의 면담을 진행했다. 그 결과, 미로를 빨리 통과한 쥐들은 주인이 매일같이 들여다보고 스킨십을 해줬다는 사실을 발견했고, 정성이 기대가 되어 성적에 영향을 미쳤다는 주장을 하게 된다.

로젠탈은 이런 현상이 사람들에게도 발생하는지 알아보기로 했다. 그는 오랜 기간 초등학교에서 아이들을 지도한 제이콥슨(Jacobson)과 손을 잡고 일명 '지능검사'라는 실험을 계획한다. [102] 그들은 본격적인 실험에 앞서 전체 아이들을 대상으로 지능검사를 하고 그 결과는 철저하게 비밀에 부쳤다. 지능과 관련없이 무작위로 한 집단을 꾸린 뒤, 담임교사에게 그 명단을 주며 이 아이들은 상위 20%이니 유심히 관찰해달라고 부탁했다. 그렇게 8개월이라는 시간이 지나고 학교를 다시 찾은 로젠탈과 제이콥슨은 교사의 태도로 인해 아이들의 지능에 변화가 생겼는지 검사했다. 그 결과, 상위 20%라고 속였던 아이들의 IQ가 이전보다 4점 높아졌음을 발견했다. 특히 추론 영역에서는 7점이나 상승했다.

무엇이 아이들을 변화시켰을까? 로젠탈은 교사의 믿음이 그 시발점이라

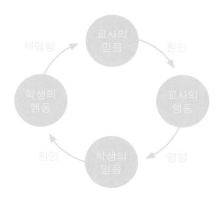

출처 © R Rosenthal, L Jacobson, 1968. 인용

말한다. 아이가 좋은 성적을 낼 것이라는 믿음이 그 아이를 우호적으로
바라보게 했고, 그것이 행동으로 드러났다는 것이다. 실제로 교사에게
상위 20%라고 얘기했던 아이들은 더 많은 발표 기회를 부여받고 상세한
피드백을 받았다. 아이 자신의 믿음 또한 한몫했다. 쉽게 포기했던 과거
와 달리 어려운 문제에 끝까지 도전했으며 성취해내는 모습을 보였다.

로젠탈 효과의 또 다른 이름은 피그말리온 효과다. 그리스 신화에 등장
하는 피그말리온은 그야말로 비운의 주인공이었다. 자신이 조각한 여인
상에 푹 빠져 이룰 수 없는 사랑에 온 정성을 바쳤기 때문이다. 그러나
여신 아프로디테는 그렇게 생각하지 않았다. 그 진심에 감동해 새 생명
이라는 엄청난 기적을 선사했으니 말이다. 이런 기적이 우리에게도 필요
하다. 바로 곁에 아이들이 있는 지금 이 순간이다. 조각상을 진심으로 아

졌던 피그말리온처럼 아이들을 사랑하고 지금보다 성장할 것을 믿음으로써 그들의 앞날에 날개를 달아주자.

로젠탈 효과 활용은 이렇게!

1. 로젠탈 교수에 따르면 로젠탈 효과는 초등학교 저학년일수록 더 큰 힘을 발휘한다. 적게는 10점에서 많게는 15점까지 IQ가 올랐다는 것이다. 아이가 어리다면 지금보다 더 잘 해낼 것이라고 믿어주자. 분명 아이들은 기대 이상을 해낼 것이다.

2. '고운 말과 나쁜 말의 영향'을 알아보는 데 많이 활용되는 양파 실험이 있다. 준비물도 양파와 페트병, 물뿐이라 누구나 시도할 수 있다. 아이들의 기대와 사랑을 듬뿍 받아 잘 자란 양파와 미움과 무관심으로 시들어버린 양파를 비교하면서 고운 말 사용은 물론 로젠탈 효과까지 볼 수 있다.

3. 과거 교실 칠판 위에 꼭 급훈이 있었다. 여기에는 아이들과 함께하는 일 년뿐만 아니라 평생에 걸쳐 좋은 영향을 줬으면 하는 바람과 기대가 담겨 있다. 혹시 우리 집에 이러한 가치가 담긴 말이 없다면 한번 만들어보기를 추천한다.

좋은 기운은 전염될까

-'나'의 성장은 '우리'의 비타민-

04

스웨덴 속담에 "기쁨을 나누면 두 배가 되고 슬픔은 나누면 절반이 된다"는 말이 있다. 타인의 행복보다 불행을 즐긴다는 우리의 뇌 특성상 이해가 되지 않는다. 개인의 좋은 일이 다른 사람에게도 긍정적인 영향을 미칠까?

개인의 좋은 일과 공동체의 성과는 서로 상관이 없다.

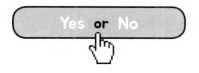

개인의 훌륭한 성과는 공동체 구성원에게 긍정적인 영향을 미치며 집단의 발전을 돕는다.

야구는 통계와 확률의 스포츠다. 이를 증명하듯 야구 중계를 보고 있으면 수많은 숫자가 등장한다. 투수만 해도 승률부터 평균 자책점, 피안타율까지 그 종류가 여러 개다. 이런 통계가 의미 있는 까닭은 팀의 승률에 톡톡한 영향을 미쳐서다. 만년 꼴찌라 불리던 SK와이번스를 완벽하게 살려낸 김성근 감독의 비법도 데이터 분석에 있었다고 한다.

그럼 타율이 높은 타자와 평균 자책점이 낮은 투수로 팀을 구성하면 백전백승일까? 반은 맞고 반은 틀리다. 확률로 따졌을 때 승리할 가능성이 큰 것은 사실이다. 그러나 높은 타율을 자랑하던 선수가 경기 당일 컨디션 난조로 기대에 못 미치는 경우도 부지기수다. 이를 고려하여 감독은 오랜 기간 누적된 통계와 그날 선수의 몸 상태, 그리고 '이것'을 고려하여 선발진을 꾸린다.

'이것'의 영향력을 확인하는 캘리포니아대학교 보크(Bock) 교수팀의 연구를 살펴보자. 보크 교수는 메이저리그 기록을 훑어보던 중 한 가지 신기한 사실을 발견한다.[103] 바로 개인의 사기가 팀 전체에 영향을 미칠 수 있다는 것이다. 연구진은 이 현상이 보편적인지 알아보기 위해 1945년 이후의 공식 기록을 샅샅이 살펴보았다.

초창기도 아니고 1945년부터 자료를 수집한 까닭에는 특별한 이유가 있다. 야구가 시작된 이래 1920년까지를 미국에서는 '데드볼 시대(Deadball era)'라 한다. 야구공의 반발력에 대한 정의와 규정이 공식적으로 정해지지 않은 탓에 홈런을 부담스러워하는 대부분의 구단이 공 안의 고무양을 조절하는 등 꼼수를 부려 장타가 거의 나오지 않았기 때문이다. 타선이 불을 뿜지 않는 경기에서 관중이 신이 날 리 없다. 그래서 야구협회는 반발력이 큰 야구공을 도입하게 된다. 이즈음부터를 '라이브볼 시대(Live-ball era)', 즉 현대 야구라 명한다.

반발력이 큰 야구공의 성과는 대단했다. 56안타 같은 경이로운 기록들이 쏟아지기 시작했다. 56안타는 메이저리그 역사상 3대 기록으로 뽑히며 자그마치 9만 대 1의 확률로도 유명하다. 하지만 아쉽게도 디마지오(Dimaggio)가 활약했던 1941년은 타자들에게 너무 유리한 시대였기에 이 연구에서는 제외되었다.

보크 연구팀은 경기에 미치는 영향력이 타자와 투수가 수평을 이루는 1945년부터 2011년까지의 자료를 분석했다. 그들이 유심히 살핀 것은 30경기 이상 연속 안타를 친 선수들과 동료들의 타율이었다. 야구를 좋아하는 사람이라면 알겠지만 한 시즌에 30개 이상의 안타를 치는 것은 매우 드문 일이다. 150킬로미터에 가까운 속도로 날아오는 작은 공을 방망이로 쳐낸다는 것만 해도 신기한데, 모든 경기에서 이런 활약을 계속 펼치는 것은 정말 드문 일이기 때문이다. 실제로 4,496개의 자료에서 28명만 이 명단에 올랐다.

이런 기적을 행했으니 선수 개인의 사기는 물론, 팀의 기세 또한 하늘을 찌를 듯했을 것이다. 그래서일까, 전체 선수들의 타율도 덩달아 좋았다.

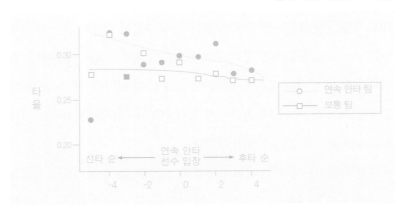

보크 교수팀 연구에 따르면, 30경기 이상 연속 안타를 친 선수가 소속된 팀의 타율은 그렇지 않은 팀에 비해 11%가량 높다고 한다.

적게는 1.6%에서 많게는 20%까지 치솟는 경향을 보였다. 승리를 원하는 감독이 고려한 '이것'은 바로 '팀의 사기를 높일 선수'였던 것이다.

한 선수의 맹활약으로 인한 긍정적인 여파는 여기서 그치지 않았다. 타자는 통상적으로 타율로 말한다. 타석에서 얼마나 많은 안타를 쳤는지가 그해의 성적표이다. 다만, 이는 철저히 개인의 성적이다. 하지만 퀄리티 타석(quality at bats)은 다르다. 비록 안타를 치지 못했을지라도 희생 플라이로 득점을 올리거나 투수에게 많은 공을 끌어내어 지치게 함으로써 팀을 유리하게 만들었을 때도 포인트는 주어진다. 이 점수가 높으면 높을수록 팀을 위한 이타적인 경기를 했다고 볼 수 있다.

그런데 놀라운 것은, 매 경기에서 연속적으로 안타를 친 선수의 선한 영

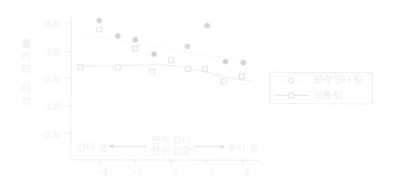

(출처: IH Bock et al., 2012, 인용)

매 경기 안타를 치는 선수가 있을 경우, 퀄리티 타석이라 불리는 동료들의 이타적인 플레이 횟수 또한 늘어난다.

향력이 퀄리티 타석 점수도 높였다는 것이다. 무려 32점이나 웃돌았다.

이처럼 한 사람의 활약은 다른 이들에게 긍정적인 에너지를 선사한다. 교실에서 이런 에너지가 가장 절실한 사람은 학습된 무기력에 고통받고 있는 아이일 것이다. 거듭된 실패로 무언가에 도전할 용기를 내지 못하는 아이에게 주변의 선한 기운만큼 힘이 되는 것도 없다.

보크 교수의 연구는 '사람의 마음은 물결 같아서 작은 돌 하나가 파동을 일으켜 널리 퍼지듯 타인의 감정에도 영향을 받는다'는 바르세이드(Barsade) 교수의 물결효과 이론과도 일치한다. 바르세이드 교수는 실험을 통해 긍정적인 기운을 가진 집단에 속한 구성원들의 협력은 늘고 갈등은 감소함을 밝히기도 했다.[104] 그래서 나는 교실에서 모둠을 짤 때 학습된 무기력을 호소하는 아이를 의도적으로 긍정적인 에너지가 넘치는 모둠에 합류시킨다. 다른 아이들의 활력과 기쁨이 무기력한 아이에게 좋은 영향을 끼치기를 기대하는 까닭이다. 아이들이 꿈과 희망을 무참히 짓밟는 무력감에서 벗어날 수 있는 또 다른 방법에 대해서도 알아보자.

학습된 무기력을 날려버리는 법!

1. 전기충격이라는 무시무시한 실험에서 발견된 학습된 무기력은 자포자기의 심정과 같다. 피할 수 없는 환경에서 지속적으로 전기충격을 받았던 개가 환경이 달라져 도망갈 수 있게 되었음에도 아무것도 하지 않고 무기력한 모습을 보이는 것도 자포자기한 까닭이다. 드웩 (Dweck) 교수는 이런 패배감을 선사하는 학습된 무기력에서 벗어나고 싶다면 실패의 원인을 노력의 부족에서 찾으라고 말한다.[105] 행동수정 프로그램을 통해 실패의 책임이 자신의 능력이 아닌 노력의 부족에 있음을 인정하게 하자, 스스로 무엇을 하고자 하는 동기가 높아졌다는 것이다. 이는 반복된 실패를 경험하고도 자존감의 하락으로 이어지지 않을 수 있는 매우 효과적인 방법으로 보인다.

2. 학습된 무기력이 무서운 까닭은 도전을 꺼린다는 것이다. 특히 무엇이든 시도하며 삶의 지혜를 습득할 나이에 실패가 두려워 시도조차 하지 않게 된다. 그대로 둔다면 내재된 잠재력을 싹틔우기는커녕 종국에는 타인에게 의존하는 삶을 살게 될 수도 있다. 그렇다고 하루아침에

변하기를 강요하는 것은 금물이다. 무기력의 동굴로 더 깊숙이 들어가게 하는 지름길이다. 결과를 내거나 성공을 하지 못했더라도 시도하고 노력한 아이에게 "노력하는 모습이 정말 아름다웠다"와 같이 따뜻한 격려 한마디를 해주자. 좌절과 허무로 가득했던 아이의 마음에도 봄이 올 것이다.

3. 학습된 무기력으로 힘들어하는 아이가 도전을 멈추는 까닭은 자신의 결단과 행동이 성과를 내지 못하거나 현실을 바꾸지 못한다는 생각에 빠지기 때문이다. 이럴 때는 의지를 갖고 노력하여 세상을 바꿨던 사람들의 이야기가 도움이 될 수 있다. 어려운 환경에서 자신의 꿈을 펼쳤던 사람들의 이야기를 들려주거나 추천함으로써 '나도 할 수 있다'는 자신감을 심어주자.

아이를 성장시키는 피드백은
어떻게 해야 할까
-따뜻한 말 한마디의 위력-

05

오늘은 아이들이 정성껏 작성하여 낸 과제물에 피드백을 해주었다. 이번에는 칭찬과 조언의 말에 "선생님은 너를 믿어", "할 수 있어" 같은 한마디를 추가해보았다. 따뜻한 한마디가 아이에게 도움이 되겠지?

피드백 마지막에 추가된 따뜻한 말 한마디는
아이를 성장시킬 것이다.

Yes **or** No

아이의 용기를 북돋는 따뜻한 피드백은 과제 참여율과 질을 높였다.

과거 교육의 목적은 국력 향상에 도움이 되는 인재를 길러내는 것이었다. 이에 순응하듯 학교는 자연스레 삶을 살아가는 데 필요한 지혜보다는 불변하지 않을 지식을 가르치는 데 열을 올리게 되었고, 일제식 지필평가를 통해 얼마나 암기를 잘하고 있는가를 점검하느라 바빴다. 같은 것을 배웠기에 시험지 한 장이면 평가하기에 충분했던 것이다. 그러나 시대가 변하면 가치관도 변하는 법, 최근에는 학습자의 내면에 초점을 맞춰야 한다는 주장이 힘을 얻고 있다. 점수라는 틀에서 벗어나 적절한 조언을 해줌으로써 진정한 배움에 다다를 수 있도록 도와야 한다는 것이다. 평가의 성패 기준이 문항 제작에서 피드백으로 넘어간 셈이다. 그럼 어떻게 해야 아이들의 성장을 돕는 피드백을 제공할 수 있을까?

텍사스대학교의 예거(Yeager) 교수팀은 한마디 말로 아이들의 마음을 움직일 수 있다고 말한다.[106] 도대체 그 한마디는 무엇일까? 이 연구는 영웅을 조사하고 소개하라는 한 과제로부터 시작된다. 그토록 좋아하는 영웅이라니 아이들의 표정은 어느 때보다 밝았고 즐겁게 과제를 해결해나갔다. 제출기한이 되어 취합된 과제에는 두 종류의 피드백이 달렸다. 첫 번째 모둠은 잘한 부분과 개선할 점이 적힌 피드백을 받았다. 평소 어른들이 자주 사용하는 방법이었다. 두 번째 모둠에는 칭찬과 조언 외에 '나는 네가 주어진 피드백을 충분히 해낼 수 있다고 믿는다' 같은 기대가 담긴 따뜻한 한마디가 추가되었다. 그렇게 피드백이 적힌 과제물은 학생 품으로 돌아갔고, 1주일 후 수정본을 제출해야 함을 알렸다. 두 모둠의 과제 수정률은 어땠을까?

결과는 예상대로였다. 따뜻한 피드백을 받은 아이들의 과제 수정률은 87%에 달했다. 평범한 피드백을 받은 아이들에 비해 25%나 높은 수치였다. 한 걸음 더 나아가 학교 교육에 별 기대가 없는 아이들에게도 효과적인지 알아보기로 했다. 백인 학생 대상이었던 첫 번째 실험과 달리 이번에는 흑인 학생들을 대상으로 같은 실험을 전개했다. 연구팀이 흑인을 선택한 까닭은 다름 아닌 미국의 인종차별 문제 때문이었다. 최근 백인 경찰의 과도한 진압으로 숨진 흑인에 대한 추모가 시위로 확산된 '조지 플로이드 사건'만 봐도 그동안의 미국 내 차별문제가 얼마나 심각했는지 알 수 있다. 1863년 노예해방선언에도 불구하고 흑인은 여전히 빈곤과 인종차별로 고통을 겪고 있는 것이다. 그래서일까, 흑인 아이들은 백인 교사나 친구를 신뢰하지 않으며 은연중 자신을 무시하거나 차별한다고 생각한다고 한다.

이처럼 찬바람 쌩쌩 부는 백인 교사와 흑인 학생들 사이에서도 기대가 담긴 따뜻한 피드백이 효과를 발휘했을까? 1주일이 지난 뒤 연구진은 자신들의 눈을 믿을 수 없었다. 칭찬과 조언을 적어주었던 첫 번째 모둠의 17%와 달리 두 번째 모둠은 72%나 고쳐냈기 때문이다. 수정된 과제의 채점 결과 또한 따뜻한 한마디가 추가된 모둠의 점수가 더 높았다고 하

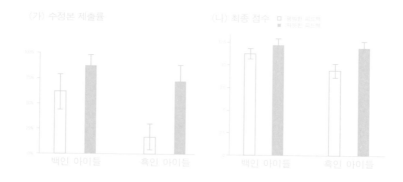

(가) 수정본 제출률   (나) 최종 점수

백인 아이들   흑인 아이들   백인 아이들   흑인 아이들

평범한 피드백에 충분히 할 수 있다는 따뜻한 말 한마디를 더하자 과제 참여율은 물론 점수 또한 높아졌다. 이는 공교육을 신뢰하지 않던 흑인 학생들에게서 더욱 두드러졌다.

니 선생님이나 학교 교육에 대한 신뢰가 두텁지 않은 아이에게도 이러한 종류의 피드백은 효과적이라 할 수 있다.

무엇이 아이들의 마음을 돌려놓은 것일까? 그저 그런 학교생활 도중 교사의 진심 어린 피드백을 받았다고 해보자. 남이라 여겼던 선생님이 내 편이 되었다는 생각에 얼었던 마음이 녹을 것이고 한층 가깝게 느껴질 것이다. 나와 너로 각자 존재했던 관계가 비로소 '우리'가 된 것이다. 여기에 성장을 위한 구체적인 정보까지 더해졌으니 점수가 높아지는 것은 어찌 보면 당연한 결과였다. 2.5년 후 신뢰도를 재측정한 추가 연구에서도 따뜻한 피드백에 자주 노출됐던 흑인 아이들은 그렇지 않은 이보다 공교육을 더 믿었으며 4년제 대학에 진학할 가능성 또한 19% 더 높았다. 따뜻한 피드백은 조언을 넘어 치유약이라 할 수 있다.

이제까지 따뜻한 피드백이 가진 힘에 대해 알아보았다. 피드백이 아이들의 전인적 발달을 돕는 가장 강력한 도구 중 하나라는 것은 누구나 안다. 그러나 솔직함이 아이를 성장시킨다는 생각 아래 비판적인 피드백을 선호해온 것이 사실이다. 계속된 비판에 아이들이 자신감을 잃고 있는지도 모른 채 말이다. 아이의 동기부여와 자신감을 해치는 피드백은 그만, 그들이 해낼 수 있다는 믿음이 담긴 따뜻한 말 한마디로 아이들을 성장시켜보는 것은 어떨까?

피드백은 이렇게!

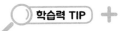

1. 당신은 아이의 과제물에 피드백할 때 어떤 색을 활용하는가? 주로 눈에 잘 띈다는 이유로 빨간색을 선택하고 있지는 않은가? 듀크스 (Dukes) 교수팀은 되도록 빨간색을 피하라고 조언한다.[107] 기대와 달리 아이들은 빨간색 피드백에 반항심을 갖게 된다는 것이다. 빨간색으로 적힌 교사의 조언이 마치 자신에게 소리를 지르는 것처럼 여겨진다니, 되도록 파란색이나 녹색 등으로 작성하는 것이 좋겠다.

2. 스트레스와 고정관념의 상관관계를 연구한 크루글란스키(Kruglanski) 교수팀은 과제물에 피드백을 적어줄 예정이라면 마음에 여유가 있을

때 하는 것이 좋다고 말한다.[108] '전쟁'과 '테러' 같은 단어로 교사에게 정서적 압박을 가하자 과제의 질이 아닌 그 아이가 가진 평소 이미지에 근거하여 점수를 매기는 경향이 높아졌다는 것이다. 같은 내용의 과제를 제출했음에도 불구하고 명문가의 아이가 평범한 집안 아이보다 9%나 후한 점수를 받았다는 사실이 이를 증명한다. 복잡하거나 급한 상황이라면 피드백은 잠시 미뤄놓자.

3. 과제물에 대한 피드백이 결과 중심이라면 학습 중 주어지는 조언은 과정 중심 피드백이라 할 수 있다. 학습 중인 아이 곁으로 다가가 문제 해결 과정을 유심히 살핌으로써 아이의 성장을 돕는 것이다. 이러한 피드백은 어떤 지점에서 오류를 범하고 있는지 파악할 수 있어 교정 효과를 높일 수 있다는 장점이 있다. 단, 답답한 마음에 '이렇게 하면 안 된다고 했잖아' 식의 말은 절대 삼가야 한다.

바른 자세는 왜 중요할까

-자세에 따른 마음가짐의 차이-

06

아이들과 함께할 때 가장 많이 하는 잔소리 중 하나는 자세를 올바르게 하라는 것이다. 성장기의 자세가 평생 간다는 믿음 때문이다. 오늘도 우리 아이들의 척추 건강은 내가 챙긴다!

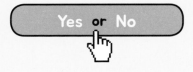

바른 자세를 강조하는 것은 온전히 신체 건강 때문이다.

Yes or No

나쁜 자세는 근거 없는 자신감을 높이지만 바른 자세는 현실을 직시하게 만든다.

수업 시간, 아이들의 자세는 다양하다. 의자 깊숙이 엉덩이를 들이밀고 허리를 곧게 펴서 등받이에 대고 앉아 있는가 하면, 등을 구부리거나 팔로 턱을 괴고 있기도 하다. 문제는 누가 봐도 건강에 좋지 못한 자세인 아이들이 태반이라는 것이다. 불량한 자세가 여러모로 나쁘다는 것을 몰라서가 아니라 바른 자세가 습관이 되지 않아서다. 바른 자세를 취해야 하는 까닭은 척추 건강에만 있지 않다. 브리뇰(Briñol) 교수팀은 자세가 자존감에도 영향을 미친다고 말한다. 올바른 자세가 가진 힘, 브리뇰 교수팀의 연구를 통해 알아보도록 하자.[109]

브리뇰 교수가 자세에 관심을 갖게 된 배경은 다름 아닌 마틴(Martin) 교수팀의 실험 덕분이다.[110] 미소를 짓고 만화책을 읽었더니 찡그렸던 모둠보다 더 재미있다고 평가했다는 것이다. 브리뇰 교수팀은 표정이 감정에 영향을 줬듯, 자세 또한 마음가짐에 영향을 미치리라 가설을 세운 뒤 이것을 증명해보기로 했다. 이를 위해 피험자부터 모집했다. 단, 이 실험이 자세와 관련된 것임은 철저히 숨겼다. 바른 자세가 옳다는 선입견이 작용하는 것을 막기 위함이었다.

실험 참가자들은 연구진의 안내에 따라 두 모둠으로 나뉘어 등을 구부려 머리와 어깨가 축 처지도록 앉거나 등을 꼿꼿이 세우고 가슴을 내밀고 앉았다. 그리고 연구진의 요구에 따라 취직에 도움이 될 나만의 장점 세

가지를 나열했다. 그런 다음 '내가 이 회사에 꼭 필요한 인재인가?', '나는 모두가 만족할 만한 구성원인가?'와 같은 질문에 스스로를 평가했다. 그 결과는 연구팀의 예상대로였다. 참여자들의 응답을 9점 만점으로 채점해본 결과, 바른 자세를 취했던 모둠의 자존감은 나쁜 자세였던 모둠에 비해 높았다.

연구진은 한발 나아가 장점 대신 단점을 말하게 한 후 다시 한 번 측정해 보았다. 결과는 놀라웠다. 단점 또한 비슷한 결과를 낼 것이라는 예상이 보기 좋게 빗나갔다. 도리어 나쁜 자세를 취했던 사람들에게서 '나'에 대한 믿음이 더 높게 나왔다.

왜 이런 일이 발생했을까? 브리뇰 교수는 바른 자세가 현실을 직시하게

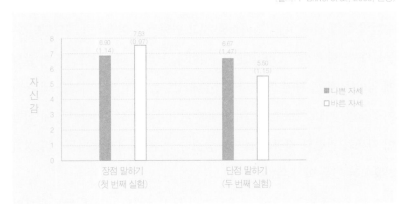

자세에 따른 자존감 측정 결과: 바른 자세는 긍정적인 상황에서 자존감 상승을, 부정적인 상황에서는 자존감 하락을 유발하는 것으로 나타났다.

만들었기에 가능한 일이라 설명한다. 단점을 말하는 순간 취업을 방해하는 요인들을 떠올라 자존감이 낮아졌다는 것이다. 그런데 신기한 것은 등을 구부정하게 굽히고 무언가에 기대어 앉았던 모둠에서는 이러한 현상이 발생하지 않은 점이다. 앞으로의 생계를 책임질 취직이라는 주제를 다룰 때에도 괜찮다며 스스로를 다독인 것이다. 따라서 바른 자세는 현실 직시를, 나쁜 자세는 근거 없는 자신감을 높인다고 볼 수 있다. 혹 지금 앉아 있는 자세가 바르지 않은가? 그렇다면 허리를 곧게 펴고 어깨는 살짝 뒤로 당겨보자.

이럴 때 바른 자세를!

1. 바른 자세가 현실 자각에만 영향을 미치는 것은 아니다. 자세와 무력감을 연구한 리스킨드(Riskind) 교수팀은 학습 시 바른 자세를 취하는 편이 좋다고 말한다. 몸을 구부리고 가슴과 목을 아래로 떨어뜨리는 것보다 등을 꼿꼿하게 폈을 때, 과제 지속성이 높아지는 것을 발견했기 때문이다.[111] 공부할 때 바른 자세는 선택이 아닌 필수다.

2. 리스킨드 교수는 자세와 스트레스의 상관관계도 연구했다. 그는 스트레스를 받을수록 편한 자세보다 바른 자세를 택하라고 말한다. 현재 스트레스 수준을 묻는 질문에서 바른 자세일 때 더 낮은 수치를 보고했기 때문이다. 그러므로 기분이 나쁘다고 다리를 꼬거나 턱을 괴는 등의 자세는 피해야 할 것이다.

3. 바른 자세가 필요한 순간이 하나 더 있다. 바로 다양한 대안 중 가장 적합한 것을 고르는 순간이다. 어깨를 펴는 것만으로도 자기 결정에 확신이 높아졌다는 피셔(Fischer) 교수팀의 연구가 이를 뒷받침한다.[112] 확신에 찬 발표를 하고 싶은가? 그렇다면 자신감 넘치는 자세부터 취해 보자.

발표 불안,
어떻게 극복할 수 있을까
-내 이야기를 하는 것의 즐거움-

07

지난 주말 오랜만에 만난 친구와 수다를 떨었다. 그동안 쌓인 에피소드가 얼마나 많던지 시간 가는 줄 모를 정도였다. 문득 발표 불안을 호소하는 아이들에게도 친구들 앞에서 자기 이야기를 할 경험이 주어진다면 발표력 향상에 도움이 되지 않을까 하는 생각이 들었다.

경험담을 나누는 것은 발표력 향상에 도움이 된다.

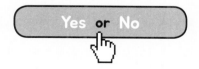

사람은 대화를 즐긴다. 특히 말하는 것을 좋아한다. 오죽하면 초등학교 저학년부터 대화법을 가르치겠는가. 그런데 발표를 시키면 불과 몇 분 전까지 친구들과 조잘조잘 이야기했던 아이는 어디로 갔는지 입을 꾹 닫아버린다. 왜 그러는 것일까?

우선 개인의 성향에서 답을 찾을 수 있다. 아이가 내성적이라면 타인의 시선에 너무 많은 신경을 쓸 수 있다. 다른 이에게 주목받는 것이 부끄러워 발표를 꺼리는 것이다. 그런데 혹시 실수하면 어쩌나, 남들이 내 생각을 듣고 비웃으면 어쩌나 하는 걱정에 사로잡혀 있는 것 같다면 발표 불안을 의심해봐야 한다. 미국정신의학회에서 발표한 DSM-5에 따르면, 사회공포증으로 고통받는 사람들이 3~13%나 된다고 한다.

그럼 어떻게 발표 불안을 줄일 수 있을까? 프린스턴대학교 타미르(Tamir) 교수팀은 자기 이야기를 많이 하는 것이 도움이 된다고 한다. 타미르 교수의 주장을 '사적인 이야기의 보람' 연구를 통해 살펴보자.[113]

연구진은 사람들이 하는 말 가운데 30~40%가 '자신과 관련된 이야기'라는 것에 주목했다. 태어나 죽을 때까지 하는 말의 1/3 정도가 내 이야기라는 것이다. 이는 면대면 대화에서만 적용되지 않는다. SNS에 올라온 글의 80%가 근황이나 생활상을 알리는 내용이며, 이는 남의 이야기를 듣기보다 내 경험을 나누는 것을 좋아하는 것이 인간의 본능임을 방증한

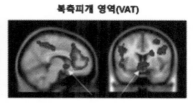

측좌핵(NAcc)   복측피개 영역(VAT)

나의 경험과 상황을 이야기 나눌 때 뇌를 fMRI로 촬영해보니, 쾌락을 담당하는 측좌핵(NAcc)과 도파민 분비와 관련된 복측피개 영역(VAT)이 활성화되었다.

다.[114] 사람은 왜 자기 이야기를 즐기는 것일까? 연구진은 그 이유를 알아보기 위해 피험자를 모아 뇌를 fMRI로 찍어봤다. 그 결과, 다른 사람의 의견을 판단할 때보다 자기와 관련된 이야기를 할 때 쾌락과 보상을 자극하는 측좌핵(NAcc)과 뇌 전체로 도파민을 보내는 신경세포가 모여있는 복측피개 영역(VAT)이 활성화되는 것이 확인되었다.

연구팀은 자기 경험을 나누는 것이 얼마나 강력한 즐거움을 선사하는지 알아보기 위해 '세 가지 질문'이라는 심리 실험을 진행했다. 세 가지 질문의 예시는 다음과 같다.

> (가) 요리는 얼마나 자주 하나? (개인['나' 자신]에 대한 것)
>
> (나) ○○이는 요리를 자주 할까? (타인에 대한 것)
>
> (다) 브로콜리에는 비타민C가 들어있을까? (사실 유무)

세 가지 질문 중 (가)는 개인적인('나' 자신에 대한) 것을, (나)는 타인의 삶을, (다)는 참과 거짓으로 판단되는 상식을 묻고 있다. 오직 (가)만 내 이야기다. 만약 당신이라면 어떤 질문에 답하고 싶은가? 아무래도 할 말도 많고 덜 부담스러운 (가)가 끌릴 것이다. 실제로 (가) 또는 (나), (가) 또는 (다), (나) 또는 (다)를 선택하여 말하게 하는 질문을 던졌을 때, 주어진 시간 중 가장 많은 66%의 시간을 (가)에 대해 이야기하는 데 썼다고 한다.

그런데 질문마다 보상이 달라진다면 어떨까? 여전히 다수가 (가)를 선택할까? 연구팀은 이를 알아보기 위해, (나)와 (다)를 선택할 경우에만 1~4센트를 보상하겠다고 알렸다. 이 실험 결과는 놀라웠다. 실험자가 받아간 금액을 합쳐본 결과, 세 질문을 무작위로 선택했을 때보다 17%나 적었기 때문이다. 내 이야기를 하는 것의 매력이 다시 한 번 증명된 것이다. 나는 발표 앞에서 작아지는 아이에게 '주말에 어떤 일을 했고 기억에 남는 일은 무엇인지' 같은 질문을 통해 친구들 앞에서 묻고 답하는 경험을 할 수 있도록 도와주었다. 이는 '발표'라는 두려움과 '내 이야기'라는 쾌락, 이 두 감정을 충돌시킴으로써 혐오 자극을 점차 줄여나가는 전략을 실행한 것이다. 다만, 불안이 한 사람을 잠식하는 데는 단 한 번이면 족하나 이를 떨쳐버리기 위해서는 수많은 노력과 시간이 뒷받침되어야 하듯, 이 전략 또한 지속적인 노력과 시간이 필요하다.

1. 교실에서 발표에 소극적인 아이에게 종종 사용하는 방법은 '입을 열 때까지 서 있기'다. 두려운 존재와 맞서 싸워 이기라는 교육적 의도가 담겨 있다. 그러나 판(Phan) 교수팀은 이 방법은 오히려 불안을 더 키우는 것밖에 안 되기에 당장 그만두라고 말한다. 사회공포증을 겪고 있는 사람에게 부정적인 환경은 공포를 담당하는 편도체의 활성도를 높여 더 큰 불안을 야기한다는 것이다.[115] 이러한 방법보다는 차라리 둘 또는 셋 앞에서 발표하는 연습을 여러 번 할 것을 추천한다. 이때 청중은 발표자와 정서적 교감이 있거나 애착 관계인 사람일수록 좋다. 불안감 감소에 도움이 되기 때문이다.

2. 사회공포증을 갖고 있는 아이는 발표를 위해 자리에서 일어선 것으로도, 그리고 첫 마디를 뗀 것만으로도 엄청난 용기를 낸 것이다. 이때 아이에게 필요한 것은 "힘들었을 텐데 용기를 내주어서 고마워" 같은 따뜻한 말 한마디다. 위로와 격려가 쌓일수록 아이는 더 큰 용기를 얻을 것이며, 오늘보다 더 나은 모습을 보여줄 것이다.

나이가 들면 뇌도 굳을까

-도전하는 뇌는 한계가 없다-

<u>08</u>

나이를 먹을수록 머리가 굳는 느낌을 받는다. 학창 시절과 달리 몸과 마음이 빨리빨리 돌아가지 않고 잘했던 일에서마저 실수하는 나 자신을 보며, 이 말 외에 다른 말로는 설명하기 어려운 탓이다. 뇌를 굳게 만드는 세월, 야속해~!

뇌는 서서히 굳는다.

Yes **or** No

우리의 뇌는 사용할수록 발달하며, 뇌를 사용한 분야의 전문
가가 된다.

블랙캡(Black Cab)이라 불리는 런던의 전통 택시를 타본 사람은 두 가지
에 놀란다. 첫 번째는 흔하디흔한 내비게이션이 없다는 것이다. 요즘 같
은 첨단시대에 보조 장비 하나 없이 정해진 목적지에 데려다주는 것이
신기할 정도다. 뭐 여기까지는 그러려니 할 수도 있다. 우리나라에도 그
런 분들이 간혹 있으니 말이다. 그런데 런던이 템스 강을 중심으로 2000
년 동안 자연스럽게 발달한 도시인 것을 아는가? 오래된 도시답게 도로
는 거미줄처럼 얽혀 있고, 도로 폭이 좁아 일방통행이 잦은 곳이 바로
런던의 교통이다. 이곳을 내비게이션 없이 운전하다니, 놀라지 않을 수
없다.

두 번째 놀라운 것은 기사의 연봉이다. 한 해에 일억 원 정도의 돈을 번
다고 한다. 우리나라 개인택시 기사와 비교했을 때 3배나 많은 소득이
다. 그들의 고수익에는 따기 힘든 자격 면허도 한몫한다. 런던 블랙캡 택
시 기사 자격면허시험의 내용 면면을 보면 아마 절로 고개가 끄덕여질
것이다. 일단 블랙캡을 몰기 위해서는 보통 4년 정도의 수련 시간이 필
요하다고 한다. 내비게이션을 사용할 수 없으니 2만5천 개에 달하는 크
고 작은 길과 2만 개의 건물을 모두 외워야 하기 때문이다. 여기서 끝이
아니다. 면허를 얻기 위해서는 필기, 구술 시험은 물론 무작위로 선정된
출발지에서 도착점까지의 도로, 건물, 일방통행 여부 등을 백지에 일일
이 표시해야 하는 시험에도 합격해야 한다.

런던대학교 맥과이어(Maguire) 교수팀도 이렇게 특별한 런던의 택시 기사의 능력에 관심을 가졌다.[116] '하늘의 별 따기'라는 면허를 취득한 사람들과 비슷한 일을 하는 버스 기사들의 뇌가 다를 것으로 생각한 것이다. 연구진은 실제로 그런지 알아보기 위해 18명의 택시 기사와 17명의 버스 기사를 섭외했다. 단, 연구의 공정성을 기하기 위해 비슷한 경력을 가진 사람들로만 추렸다.

첫 번째 실험은 무의식중에 들어온 새로운 정보를 어떻게 처리하는지 알아보는 것이었다. 연구진은 실험의 목적을 철저하게 숨긴 채 단순히 제시된 사진 속 인물의 기분 상태를 보고하면 된다고 말했다. 피험자의 관심사를 감정 파악으로 돌려, 얼굴 생김새에 큰 관심을 두지 않게 한 것이다. 그러고 나서 다양한 사람들의 사진을 보이며, 조금 전 본 사진 속 사람의 얼굴을 찾아 보게 했다.

두 번째 실험은 런던의 랜드마크를 찾는 것이었다. 일반인의 절반 가까이가 맞추지 못할 정도로 까다로운 문제였다. 미세하게 일부만 다를 뿐, 거의 똑같이 생긴 건물들의 사진을 보여주며 진짜를 찾게 했기 때문이다. 심지어 건물을 둘러싼 배경 등이 단서가 되는 것을 막기 위해 모든 것을 비슷하게 처리했다고 한다.

마지막 실험은 각기 다른 두 개의 명소 사진을 보여준 뒤, 추가로 말한 건물이 둘 중 어디에 더 가까운지 묻는 것이었다.

쉬운 것 하나 없는 이 세 가지의 시험 결과는 어땠을까?

택시 기사들의 명소 식별 능력과 거리 계산 능력은 타의 추종을 불허했다. 버스 기사가 근접할 수 없는 점수대였다. 택시 기사들은 블랙캡 운전 자격을 얻기 위해 수없이 봤던 랜드마크나 오갔던 거리에 대한 정보를 별 어려움 없이 끄집어냈다.

하지만 새로운 정보를 처리할 때는 달랐다. 바로 앞서 본 얼굴임에도 불구하고 정답률은 10~20%를 밑돌았다. 비슷한 경력 기간과 나이대의 버스 기사의 정답률에 한참 못 미치는 수준이었다. 과거의 정보를 인출하고 활용하는 데 능했던 그들이 새로운 정보에는 취약했던 까닭은 무엇일까? 연구진은 그 이유를 뇌에서 찾았다.

fMRI로 택시 기사의 뇌를 촬영한 연구진은 사진을 보는 순간 놀라움을 금치 못했다. 공간 탐색에 관여하는 해마 뒷부분의 회백질(신경세포가 많이 모여 있는 곳)이 버스 기사보다 훨씬 더 컸기 때문이다. 이는 그동안 그곳을 많이 썼기에 가능한 일이었다. 하지만 강한 면이 있으면 상대적으로 뒤처지는 면도 있는 법. 버스 기사에 비해 택시 기사의 뇌는 해마 앞쪽의 회백질은 적었고, 이것은 결국 새로운 정보 처리에 대한 미숙으로 나타났다.

연구진은 이러한 현상의 원인을 밝히기 위해 각 집단이 겪는 스트레스를 조사해보았다. 런던처럼 크고 분주한 곳에서 그것도 샛길이 많은 도시를 속속들이 다녀야 하는 택시 기사들의 높은 스트레스가 해마에 영향을 준 것은 아닌지 알아보기 위해서였다. 그러나 예상과 달리 두 집단의 스트레스 수치는 평균으로, 차이를 보이지 않았다. 택시 기사든, 버스 기사든

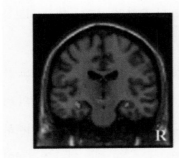
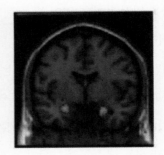

택시 기사의 뇌　　　　　　　　버스 기사의 뇌

런던의 블랙캡 택시 기사는 비슷한 일을 하는 버스 기사보다 공간 탐색에 관여하는 해마의 뒷부분 회백질이 많은 것으로 나타났다.

일에 대한 압박으로 벌어진 일은 아니라는 소리다.

그래서 이번에는 경력이 각기 다른 운전자를 모집해 뇌를 들여다보기로 했다. 연차에 따른 변화를 살펴보기로 한 것이다. 그 결과, 버스 기사들의 뇌 어느 부분에서도 변화를 찾지 못했다. 운전 경력이 많다고 해서 해마의 회백질이 더 많거나 적지 않았다. 하지만 택시 기사들은 달랐다. 경력이 많을수록 해마 뒷부분의 회백질 양은 증가했고 앞부분의 회백질 양은 적었던 것이다. 수년간의 경험이 회백질의 양을 변화시켰다고 볼 수 있다.

이 외에도 런던에 대한 정보를 묻는 말에는 택시 기사가 월등했지만 새로운 정보를 얻거나 검색하는 데는 뒤처졌다. 뇌는 정말 사용한 만큼 강해지는 것 같다.

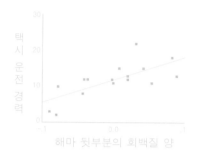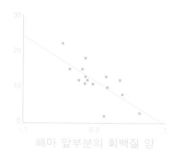

연차에 따른 택시 기사의 뇌: 경력이 길수록 해마 뒷부분의 회백질 양은 증가하고 앞부분은 감소하는 것으로 나타났다.

그런데 아이들은 여전히 낮은 성적을 나쁜 머리 탓으로 돌리곤 한다. 사용할수록 힘이 세지는 것이 뇌인데 말이다. 혹 주변에 나쁜 머리 탓을 하는 아이가 있는가? 그렇다면 런던 택시 기사의 이야기를 들려주자. 우리의 뇌는 말랑거린다는 것과 공부에는 나이가 없다는 두 가지 사실을 깨닫게 될 것이다.

잠자는 뇌를 깨우고 싶다면 이렇게!

1. 베스네스(Wesnes) 교수에 따르면, 아침을 먹는 것은 뇌를 깨우는 가장 효과적인 방법이라고 한다.[117] 아침을 먹는 아이가 그렇지 않은 이들에 비해 인지 능력은 물론 주의력과 기억력이 더 높음을 발견한 것이

다. 특히 아침 식사가 뇌세포 활동에 필요한 포도당을 제공한다고 하니, 귀찮더라도 꼭 챙기는 습관을 들이자.

2. 맞벌이 등으로 시간이나 여건이 여유롭지 않을 때는 아침 식사를 잘 챙기기가 쉽지 않다. 그렇다 보니 비교적 간편한 과일과 시리얼로 눈길이 가게 된다. 아이가 온종일 공부와 씨름할 것을 뻔히 알기에 무엇이라도 챙겨주고 싶은 마음인 것이다. 그러나 전문가들은 빈속에 과일은 배가 아프거나 불편하게 하고, 시리얼은 당분은 높고 영양소는 빈약하므로 피해야 한다고 말한다. 도리어 건강에 악이 되는 셈이다. 처음에는 쉽지 않겠지만, 아침에 30분 더 일찍 일어나는 습관으로 식탁에 앉아 따뜻한 밥과 반찬으로 아침을 챙겨 먹는 것은 어떨까?

3. 5분 동안 교수가 되었다고 상상한 것만으로 문제해결력이 높아졌다는 데익스터허이스(Dijksterhuis) 교수팀의 연구가 있다.[118] 자기암시가 뇌를 깨운다는 것이다. 난동을 부리는 훌리건이 되었다고 생각한 순간 지적 능력이 떨어졌다는 추가 연구도 있다. 그러므로 본격적인 학습에 들어가기 전 성공한 자신을 떠올려볼 것을 추천한다. 분명 큰 도움이 될 것이다.

시험 불안,
어떻게 벗어날 수 있을까

-불안을 알아차리는 힘-

09

우리 반에 유독 시험 불안이 심한 아이가 있다. 평소에 잘하다가도 시험만 치면 의기소침한 모습을 보였다. 임시방편으로나마 시험 전 나를 불안하게 하는 것들을 적어보라고 했다. 이런 행동이 도움이 될까?

시험 전 나의 불안에 대해 적어보는 것은 도움이 된다.

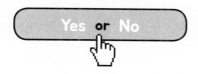

시험 불안을 겪는 아이에게 현재의 감정을 나열하게 하자 불안 수준이 낮아졌다.

시험을 앞둔 사람은 괴롭다. 혹시나 잘못되면 어쩌나 하는 불안에 도무지 아무것도 손에 잡히지 않는다. 특히 임용고시처럼 자격을 얻는 시험은 더욱더 그렇다. 일 년에 한 번뿐이라 낙방하면 앞으로 일 년을 온전히 시험 준비에 쏟아야 하는 탓이다. 이런 감정이 해로운 것은 실력은 물론 자존감까지 해친다는 데 있다. 잘 해내야 한다는 심리적 압박을 이기지 못한 자신을 탓하며 스스로를 불행의 구렁텅이로 몰아넣는 것이다. 그렇다면 어떻게 해야 시험 불안에서 벗어날 수 있을까? 시카고대학교의 라미레즈(Ramirez) 교수팀은 펜과 종이만 있으면 시험 불안을 효과적으로 줄일 수 있다고 말한다. '기록의 힘'이라는 연구를 통해 불안에서 벗어나는 방법을 알아보도록 하자.[119]

라미레즈 교수는 일정 기간 자신의 감정을 들여다보고 표현해보는 글쓰기가 우울증 환자 치료에 효과적인 점에 주목했다. 있는 그대로의 자신을 발견하고 인정하는 것이 스트레스 감소에 효과적인 것처럼, 시험 불안과 그로 인한 감정을 솔직하게 표현하면 어느 정도 해소되리라 생각한 것이다.

라미레즈 교수팀은 이를 검증하기 위해 피험자들을 모집한 후 사전 시험을 진행했다. 그들이 푼 문제는 난생처음 보는 것들이었고 상당히 어려운 수준이었다. 시험을 마친 피험자들은 한 가지 안내를 받았다. 바로 비숫한 난이도의 사후 시험에서 성적이 좋을 경우 금전적인 보상이 있을 것이라는 내용이었다. 단, 모둠원 전체가 높은 점수를 받았을 때 상금을 탈 수 있다는 조건과 모든 과정은 녹화될 것임을 알림으로써 불안을 가중했다.

상상만으로도 숨 막히는 시험장, 피험자들은 두 모둠으로 갈려 각각 주어진 미션을 수행했다. 첫 번째 모둠에 주어진 임무는 시험 전까지 가만히 앉아 있는 것이었다. 그리고 두 번째 모둠은 다가올 시험에 관한 생각과 현재의 감정을 가능한 세세하게 10분 동안 적어야 했다. 그 결과는 놀라웠다. 첫 번째 모둠은 사전 시험 대비 정답률이 12%나 떨어졌던 반면에 두 번째 모둠은 사전 시험 때보다 5%나 올랐기 때문이다. 불안한 마음을 글로 표현하는 것이 효과적일 것이라는 연구팀의 예상이 적중하는

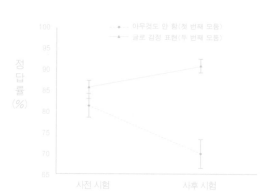

시험 전 자신의 감정과 생각을 글로 정리하게 하자 불안 수준은 낮아지고 성적은 오르는 현상이 나타났다.

순간이었다.

라미레즈 교수팀은 더 나아가 학교 현장에서도 기록의 힘이 통하는지 알아보았다. 우리나라 중학교 3학년에 해당하는 9학년을 대상으로 같은 실험을 진행했다. 왜 그 많은 학생 중 9학년일까? 이를 알기 위해서는 미국의 학년제를 이해할 필요가 있다. 알다시피 우리나라는 중·고등학교가 각각 3년씩으로 동일하다. 그러나 미국은 중학교 2학년, 고등학교 4학년으로 기간이 다르다. 고등학교에서 공부하는 기간을 1년 늘림으로써 고등교육인 대학을 준비하는 것이다. 그런 데다 대학 진학 시 고등학교 1학년 성적부터 반영되기 때문에 고등학교 첫 시험에 대한 부담은 무엇보다 크다.

연구팀은 간단한 검사를 통해 피험자 중에 시험 불안이 높은 이들을 가려냈다. 그러고 나서 이들을 다시 두 모둠으로 나눠 첫 번째 모둠은 앞선 실험과 같이 시험에 대한 생각과 감정을 적게 했고, 두 번째 모둠은 교우관계처럼 시험과 상관없는 것을 떠올리게 했다.

그렇게 10분 뒤 치러진 시험 결과, 흥미로운 두 가지 사실을 발견했다. 첫째는 불안 수준이 낮은 학생들은 대체로 좋은 성적을 거뒀다. 시험에서 긴장하지 않을수록 성적 또한 높을 것이라는 통념과 다르지 않았다. 둘째는 시험과 관련된 글쓰기가 시험 불안을 낮췄다. 특히 불안 수준이 높은 아이들에게 효과적이었는데, 이는 시험과 관련된 생각과 감정을 적는 동안 불안이라는 감정에서 스스로 벗어난 결과라 설명할 수 있다. 자기감정을 알아차리는 것만으로도 불안을 줄일 수 있었던 것이다.

시험 불안 극복은 이렇게!

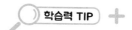

1. 시험과 관련된 자기감정을 글로 적는 것은 불안 수치를 낮추는 데 매우 효과적이다. 그런데 신기한 것은 글쓰기가 시험과 관련된 내용일 때만 효과가 있었다. 시험과 관련 없는 것들을 적은 모둠과 아무것도 하지 않은 모둠의 성적에는 차이가 없었던 것이다. 시험 불안을 극복하고 싶은가? 그렇다면 현재의 감정을 정확하게 인지하고 표현하는 것부터 시도해보자.

2. 라미레즈 교수는 "괜찮아", "극복할 수 있어"라는 말보다는 "무섭다", "두렵다" 같은 솔직함이 불안 극복에 더 효과적이라 말한다. 그러나 나약한 자기 모습을 인정하기란 쉽지 않다. 항상 굳건한 모습을 유지하고 싶어 하는 것이 사람의 마음이니 말이다. 그렇다면 나만의 비밀 노트를 만들어 활용해보자. 그 누구도 볼 수 없는 곳에 나만의 비밀을 써넣으며 시험 불안까지 털어버릴 수 있을 것이다.

3. 위약 효과가 시험 불안 감소에 효과적이라는 연구가 있다.[120] 불안을 낮춰주는 효과가 있다고 말한 뒤 향기를 풍겼더니 불안 수준이 확 낮아졌다는 것이다. 시험 전 소화가 안 되거나 배가 아프다는 등의 통증을 호소하는 사람이 있다면 이러한 위약 효과를 활용해보자.

신념은 지킬 수 있을까
-올바른 신념을 갖게 하는 교육-

10

사람은 저마다 자신만의 생각과 믿음을 갖고 살아간다. 정치적 문제에서도 마찬가지다. 어떤 이는 옳다고 판단하지만, 또 어떤 이는 반대로 생각할 수 있다. 이를 두고 우리는 신념이라 부른다. 말 그대로 굳은 믿음이기에 신념은 쉽사리 바뀌지 않을 것 같은데, 정말 그럴까?

신념은 쉽게 바뀌지 않는다.

Yes **or** No

사람들의 인식과 마음은 충분히 조작할 수 있다.

미국의 기자이자 정치평론가였던 월터 리프먼(Walter Lippmann)은 언론을 쉴 새 없이 움직이는 서치라이트에 비유했다. 방송은 마치 조명 도구 같아서 숨겨진 이야기를 비추어 수면 위로 드러내거나 감춘다는 것이다. 그도 그럴 것이 뉴스의 소재로 다뤄지는 순간, 국민의 관심은 물론 세계의 이목까지 끄니 그 힘은 무시무시하다.

스탠퍼드대학교의 이옌가르(Iyengar) 교수도 언론이 가진 힘에 동의하며 언론의 부정적인 면도 적지 않다고 생각하는 눈치다. 그는 특정 내용을 다룬 뉴스를 보는 것만으로도 사람들의 생각을 마음대로 바꿀 수 있다고 말한 바 있다. 이옌가르의 '인식의 조작'이라는 연구를 살펴보며 올바른 정치교육 방법에 대한 팁을 얻어보자.[121]

이옌가르 교수팀은 언론이 가진 부정적인 힘에 대해 알아보는 실험을 해보기로 했다. 먼저 피험자를 모집했는데, 특정 정당에 소속된 이들은 제외하여 정치적 성향이 실험에 반영되는 것을 막았다. 그렇게 모인 피험자들은 방위, 인플레이션, 에너지, 약물중독, 부패, 공해, 실업, 시민권에 대한 자기 생각을 솔직히 털어놓았다. 마지막에는 국가의 8대 문제 중 가장 시급하게 해결해야 할 것을 물어봄으로써 개인적인 관심도를 파악했다.

그 결과, 미국 사람들이 미국의 군사 대비를 별로 문제 삼지 않는다는 사실을 발견했다. 국가의 8대 문제 중 군사 문제는 6위를 차지했던 것이다. 연구진은 이러한 사고가 얼마나 완강한지 알아보기로 했다. '적군의 위협이 날로 강해지고 있는 반면에 우리 군의 기강은 도리어 해이해지고 있다'는 내용의 뉴스를 피험자에게 지속적으로 노출했다.

노출전략은 놀라울 만큼 효과적이었다. 군사 문제에 대한 인식이 6위에 그쳤던 초반과 달리 마지막 날이 되자 4단계 껑충 뛴 2위를 차지했다. 뉴스 하나가 사람들의 인식을 손바닥 뒤집듯 바꿔버린 것이다. 특히 이 실험에 참여한 피험자의 30%가 직장을 구하고 있는 중이었다는 사실을 고려했을 때, 당장 급한 실업 문제를 제치고 군사 문제를 2위로 뽑았다는 것은 놀라운 결과였다.

이옌가르 교수팀은 이러한 현상이 당시의 미국과 소련의 냉전체제 분위기 때문에 발생한 것은 아닌지 알아보기 위해 두 번째 실험을 진행했다. 이번에는 피험자를 세 모둠으로 나눠 첫 번째 모둠에는 미국의 국방 대비 부족을 강조하는 뉴스를, 두 번째 모둠에는 환경오염을 강조하는 뉴스를, 세 번째 모둠에는 물가가 상승하고 있다는 뉴스를 보여주었다.

군사 방어나 오염, 물가에 대한 뉴스에 노출된 피험자들은 자신이 본 내용이 더 중요한 문제라 믿기 시작했다. 군사 대비 상태는 6위에서 4위로, 환경오염은 5위에서 2위로 각각 올라섰다. 하지만 인플레이션은 달랐다. 순위에 변동이 없었다.

왜 유독 세 번째 모둠에서만 이런 일이 일어난 것일까? 이는 물가 상승이 주는 공포와 관련이 있다. 인플레이션은 곧 화폐가치의 하락을 의미한다. 생존에 필요한 물품을 확보할 수 있는 재원이 줄어든다는 소리다. 그렇기에 사람들은 인플레이션에 민감할 수밖에 없다. 이는 사전 조사에서도 여실히 드러났다. 인플레이션이 주는 공포가 20점 만점에 무려 18.5점에 달했다. 그렇다 보니 세 번째 모둠의 피험자는 인플레이션을 쭉 1위로 꼽았고 영상을 본 후에도 변함이 없었다.

모든 실험을 마친 피험자는 스스로에게 실망했을지도 모른다. 이제껏 이성적으로 생각하고 판단한다 여겼지만, 고작 조작된 뉴스 하나로 의견을 바꿨으니 말이다. 이것이 바로 언론이 가진 힘이다.

그럼 어떻게 해야 편향된 정보에 휘둘리지 않을 수 있을까? 우리는 인터넷의 발달로 어른, 아이 할 것 없이 언제 어디서나 전 세계의 다양한 뉴스와 정보에 노출되어 있다. 교사로서 나는 '한 가지 사안을 두고 다양한 관점에서 바라보고 이야기를 나누는 교육이 중요하다'고 생각한다. 사리 분별 경험을 늘림으로써 어떤 일이든 공정하게 바라보고 판단하는 힘을 어린 시절부터 기를 수 있도록 세심한 지도가 필요하다. 자신의 생각을 이야기하고 나누는 과정에서 토론 능력 또한 향상되니, 망설일 필요가 없다.

정치적 신념 교육, 이렇게 해보자!

이념적 갈등이 고조됐던 1976년 가을, 독일의 작은 도시 보이텔스바흐는 그 어느 곳보다 뜨거웠다. 각 정당을 대표하는 인사들과 교육학자, 사회단체가 한데 모여 열띤 토론을 펼친 것이다. 그들이 모인 이유는 한 가지로, 정치교육의 원칙을 합의하기 위해서였다. 몇 차례 이어진 협의를 통해 '특정 견해의 강제 주입 금지, 논쟁 원칙, 정치적 행위 능력의 강화'라는 세 가지 결론을 도출하였으며, 이것은 현재 독일 및 유럽 국가의 정치교육 기본 원리로 매김하고 있다.

1. 보이텔스바흐 협약 첫 번째는 특정 견해의 강제 주입 금지 원칙이다. 아이들은 정치적으로 미성숙한 존재이므로 어른들이 나서서 올바른 정치적 생각을 할 수 있도록 알려줘야 한다는 것을 전면적으로 부정하는 조항이다. 특히 정치적 사안을 다루는 교육적 토론이나 토의에서 아이들의 능동적인 사고와 견해를 존중해야 한다는 의도를 담고 있다.

2. 보이텔스바흐 협약 두 번째는 논쟁 원칙이다. 학교는 민주시민을 양성하기 위해 존재한다. 이런 학교에서 권위적인 한 사람으로 인하여 모든 아이가 같은 견해를 가져서는 안 된다. 교육자는 아이들에게 사회적 문제나 현안에 대해 충분히 심사숙고할 수 있는 자료와 시간을 제공하고, 토론과 협의 등을 통해 자신만의 생각을 형성해나갈 수 있도록 해야 한다.

3. 보이텔스바흐 협약 세 번째는 정치적 행동 능력 강화 원칙이다. 논쟁을 통해 얻은 정치적 견해를 행동으로 옮김으로써 시민의 자질을 함양해야 한다는 원칙이다. 실제로 독일 보이텔스바흐 협약의 효과는 위대

했다. 독일은 집단 애국주의를 내세우며 수많은 유대인을 짓밟고 제2차 세계대전까지 일으켰던 과거를 철저히 반성하고, 다시는 그런 일이 발생하면 안 된다는 이념 아래 민주주의를 꽃피웠다.

우리도 특정 견해의 강제 주입 금지와 논쟁 원칙, 정치적 행동 능력 강화 원칙을 적용해 아이들 스스로 사리를 분별하는 힘을 기를 수 있도록 도와주자.

참고문헌

1 N Van de Ven, M Zeelenberg, R Pieters, Why envy outperforms admiration. Personality and Social Psychology Bulletin. 2011.

2 T Singer, B Seymour, J O'Doherty, H Kaube, RJ Dolan, CD Frith. Empathy for Pain Involves the Affective but not Sensory Components of Pain. Science. 2004.

3 L Festinger. A theory of social comparison processes. Human Relations. 1954.

4 DM Tice, E Bratslavsky, RF Baumeister. Emotional distress regulation takes precedence over impulse control: If you feel bad, do it!. Journal of Personality and Social Psychology. 2001.

5 F Ballarini, MC Martinez, MD Perez, D Moncada, H Viola. Memory in elementary school children is improved by an unrelated novel experience. PloS One. 2013.

6 M Cammarota, P Bekinschtein, C Katche, L Slipczuk, JI Rossato, A Goldin, I Izquierdo, JH Medina. BDNF is essential to promote persistence of long-term memory storage. PNAS. 2008.

7 M Dewar, J Alber, N Cowan, SD Sala. Boosting long-term memory via wakeful rest: intentional rehearsal is not necessary, consolidation is sufficient. PloS One. 2014.

8 B Sallee, N Rigler. Doing out homework on homework: How does homework help?. English Journal. 2008.

9 M Galloway, J Conner, D Pope. Nonacademic effects of homework in privileged, high-performing high schools. THE Journal of Experimental Education. 2013.

10 H Cooper, JC Robinson, EA Patal. Does homework improve academic achievement?: A synthesis of research. Review of Educational Research. 2006.

11 MK Galloway, D Pope. Hazardous homework? The relationship between homework, goal orientation, and well-being in adolescence. Encounter. 2007.

12 H Cooper. Homework: What the research says. National Council of Teachers

of Mathematics. 2008.

13 H Cooper. Homework. White Plains. NY: Longman. 1989.

14 D Dunning, K Johnson, J Ehrlinger, J Kruger. Why people fail to recognize their own incompetence. Current Directions in Psychological Science. 2003.

15 J Kruger, D Dunning. Unskilled and unaware of it: How difficulties in recognizing one' s own incompetence lead to inflated self-assessments. Journal of Personality and Social Psychology. 1999.

16 J Kruger, D Dunning. Unskilled and unaware of it: How difficulties in recognizing one' s own incompetence lead to inflated self-assessments. Journal of Personality and Social Psychology. 1999.

17 SM Fleming, RS Weil, Z Nagy, RJ Dolan, G Rees. Relating introspective accuracy to individual differences in brain structure. Science. 2010.

18 P Chen, O Chavez, DC Ong, B Gunderson. Strategic resource use for learning: A self—administered intervention that guides self-reflection on effective resource use enhances academic performance. Psychological Science. 2017.

19 BN Macnamara, DZ Hambrick, FL Oswald. Deliberate practice and performance in music, games, sports, education, and professions: a meta-analysis. Psychol Sci. 2014.

20 H Gardner. Multiple intelligences. academia edu. 1992.

21 R Plomin, NG Shakeshaft, M Trzaskowski, A McMillan, K Rimfeld, Krapohl, CA Haworth, PS Dale, Strong genetic influence on a UK nationwide test of educational achievement at the end of compulsory education at age 16. PloS one. 2013.

22 W McDougall. Second report on a Lamarckian experiment. British Journal of Psychology. 1930.

23 A Gneezy, U Gneezy, G Riener, LD Nelson. Pay what you want, identity, and self—signaling in markets. PNAS. 2012.

24 J Kruger, D Dunning. Unskilled and unaware of it: how difficulties in recognizing one's own incompetence lead to inflated self-assessments. Journal of personality and social psychology, 1999.

25 H Ebbinghaus. Memory: A contribution to experimental psychology. Annals of neurosciences, 2013.

26 JD Karpicke, HL Roediger. The critical importance of retrieval for learning. science. 2008.

27 SS Iyengar, MR Lepper. When choice is demotivating: can one desire too much of a good thing?. J Personal Soc Psychol. 2000.

28 D Timmermans. The impact of task complexity on information use in multi-attribute decision making. Journal of Behavioral Decision Making. 1993.

29 R Garner. Post—It Note Persuasion: A Sticky Influence. journal of consumer Psychology. 2005.

30 D Ariely, K Wertenbroch. Procrastination, deadlines, and performance: Self-control by precommitment. Psychological science. 2002.

31 PM Gollwitzer, V Brandstätter. Implementation intentions and effective goal pursuit. Journal of Personality and Social Psychology. 1997.

32 Parker-Pope, Tara. A Clutter Too Deep for Mere Bins an Shelves. New York Times. 2008.

33 BY Chae, R Zhu. Environmental Disorder Leads to Self-Regulatory Failure. Journal of Consumer Research. 2014.

34 R Mehta, R Zhu. Blue or red? Exploring the effect of color on cognitive task performances. Science. 2009.

35 KE Lee, KJH Williams, LD Sargent, NSG Williams, KA Johnson. 40-second green roof views sustain attention: The role of micro—breaks in attention restoration. Journal of Environmental Psychology. 2015.

36 AG Schauss. Application of behavioral photobiology to human aggression: Baker-Miller pink. The International Journal for Biosocial Research. 1981.

37 PJ Whorwell, HR Carruthers, J Morris, N Tarrier. The Manchester Color Wheel: development of a novel way of identifying color choice and its validation in healthy, anxious and depressed individuals. BMC Medical Research Methodology. 2010.

38 SR Steinhauer, R Condray, A Kasparek. Cognitive modulation of midbrain function: Task—induced reduction of the pupillary light reflex. International Journal of Psychophysiology. 2000.

39 H Lee, Y Chae, JC Lee, KM Park, OS Kang, HJ Park. Subjective and autonomic responses to smoking-related visual cues. J Physiol Sci. 2008.

40 S Ahern, J Beatty. Pupillary responses during information processing vary with Scholastic Aptitude Test scores. Science. 1979.

41 JW de Gee, T Knapen. Decision-related pupil dilation reflects upcoming choice and individual bias. PNAS. 2014.

42 DM Kiger. Effects of Music Information Load on a Reading Comprehension Task. Perceptual and Motor Skills. 1989.

43 DE Wolfe. The effect of interrupted and continuous music on bodily movement and task performance of third grade students. Journal of Music Therapy. 1982.

44 A Mehrabian. Public Places and Private Spaces: The Psychology of Work. New York. 1976.

45 S Hallam, J Price, G Katsarou. The effects of background music on primary school pupils' task performance. Educational studies. 2002.

46 JG Fox, ED Embry. Music-An aid to productivity. Applied Ergonomics. 1972.

47 EG Schellenberg, T Nakata, PG Hunter, S Tamoto. Exposure to music and cognitive performance: Tests of children and adults. Psychology of Music. 2007.

48 DJ Simons, CF Chabris. Gorillas in our midst: Sustained inattentional blindness for dynamic events. perception. 1999.

49 EJ Kim. Examining Structural Relationships among College Students' Internal and External Factors for Learning Engagement and Satisfaction. Asian Journal of Education. 2015.

50 AM Rapp, DT Leube, M Erb, W Grodd. Neural correlates of metaphor processing. Cognitive brain research. 2004.

51 AD Wagner, DL Schacter, M Rotte, W Koutstaal, A Maril, AM Dale, BR Rosen, RL Buckner. Building Memories: Remembering and Forgetting of Verbal Experiences as Predicted by Brain Activity. science. 1998.

52 MA Killingsworth, DT Gilbert. A wandering mind is an unhappy mind. Science. 2010.

53 JG Allen, P MacNaughton, U Satish, S Santanam, J Vallarino, JD Spengler. Associations of Cognitive Function Scores with Carbon Dioxide, Ventilation, and Volatile Organic Compound Exposures in Office Workers: A Controlled Exposure Study of Green and Conventional Office Environments. Environmental Health Perspective. 2016.

54 B Barrett, R Brown, D Rakel, D Rabago, L Marchand, J Scheder, M Mundt, G Thomas, S Barlow. Placebo effects and the common cold: a randomized controlled trial. Ann Fam Med. 2011.

55 PA Magalhaes De Saldanha da Gama, H Slama, EA Caspar, W Gevers, A

Cleeremans. Placebo-suggestion modulates conflict resolution in the Stroop Task. PloS One. 2013.

56 ER Jaensch Grundformen menschlichen Seins. Berlin: Otto Elsner. 1929.

57 JR Stroop. Studies of interference in serial verbal reactions. Journal of Experimental Psychology. 1935.

58 AJ Espay, MM Norris, JC Eliassen, A Dwivedi, MS Smith, C Banks, JB Allendorfer, AE Lang, DE Fleck, MJ Linke, JP Szaflarski. Placebo effect of medication cost in Parkinson disease: a randomized double—blind study. Neurology. 2015.

59 KT Hall, AJ Lembo, I Kirsch, DC Ziogas, J Douaiher, KB Jensen, LA Conboy, JM Kelley, E Kokkotou, TJ Kaptchuk. Catechol-O-methyltransferase val158met polymorphism predicts placebo effect in irritable bowel syndrome. PloS One. 2012.

60 A Pascual-Leone, D Nguyet, LG Cohen, JP Brasil-Neto, A Cammarota, M Hallett. Modulation of muscle responses evoked by transcranial magnetic stimulation during the acquisition of new fine motor skills. J Neurophysiol. 1995.

61 LB Pham, SE Taylor. The effects of mental simulation on exam performance. Unpublished manuscript. 1997.

62 J Dunlosky, KA Rawson, EJ Marsh, DT Willingham. Improving students' learning with effective learning techniques: Promising directions from cognitive and educational psychology. Psychological Science in the Public Interest. 2013.

63 HP Bahrick. Maintenance of knowledge: Questions about memory we forgot to ask. Journal of Experimental Psychology: General. 1979.

64 HP Bahrick, E Phelphs. Retention of Spanish vocabulary over 8 years. ournal of Experimental Psychology: General. 1987.

65 NJ Cepeda, H Pashler, E Vul, JT Wixted, D Rohrer. Spacing effects in learning: A temporal ridgeline of optimal retention. Psychological Science. 2006.

66 G Zerbini, V van der Vinne, LKM Otto, T Kantermann, WP Krijnen, T Roenneberg, M Merrow. Lower school performance in late chronotypes: underlying factors and mechanisms. Scientific reports. 2017.

67 RL Matchock, JT Mordkoff. Chronotype and time-of-day influences on the

alerting, orienting, and executive components of attention. Experimental brain research. 2009.

68   P Kelley, SW Lockley. Synchronizing Education to Healthy Adolescent Brain Development: Sleep and Circadian Rhythms. Paper presented at the annual meeting of the American Educational Research Association. 2013.

69   MG Figueiro, B Wood, B Plitnick, MS Rea. The impact of light from computer monitors on melatonin levels in college students. Neuro Endocrinol Lett. 2011.

70   A Korb. The upward spiral: Using neuroscience to reverse the course of depression, one small change at a time. New Harbinger Publications. 2015.

71   JS Moser, HS Schroder, C Heeter, TP Moran, YH Lee. Mind your errors: evidence for a neural mechanism linking growth mind-set to adaptive pos error adjustments. Psychol Sci. 2011.

72   CS Dweck. Interview in Stanford News. Retrieved March 11. 2011.

73   AJ Kersey, KD Csumitta, JK Cantlon. Gender similarities in the brain during mathematics development. NPJ Sci Learn. 2019.

74   C Good, CS Dweck, A Rattan. Portraying genius: How fixed vs. malleable portrayal of math ability affects females' motivation and performance. Columbia University. 2005.

75   K Kawakami, JF Dovidio, J Moll, S Hermsen, A Russin. Just say no (to stereotyping): Effects of training in the negation of stereotypic associations on stereotype activation. Journal of Personality and Social Psychology. 2000.

76   SW Cook, RG Duffy, KM Fenn. Consolidation and transfer of learning after observing hand gesture. Child Dev. 2013.

77   LS Blackwell, KH Trzesniewski. Implicit theories of intelligence predict achievement across an adolescent transition: A longitudinal study and an intervention. Child development. 2007.

78   CH Hillman, KI Erickson, AF Kramer. Be smart, exercise your heart: exercise effects on brain and cognition. Nat Rev Neurosci. 2008.

79   JN Booth, PD Tomporowski, JME Boyle, AR Ness, C Joinson, SD Leary, JJ Reilly. Obesity impairs academic attainment in adolescence: findings from ALSPAC, a UK cohort. International Journal of Obesity. 2014.

80   LT Ferris, JS Williams, CL Shen. The effect of acute exercise on serum brain—derived neurotrophic factor levels and cognitive function. Psychobiology

and Behavioral Strategies. 2007.

81 H Sanderson, J DeRousie, N Guistwite. Impact of collegiate recreation on academic success. Journal of Student Affairs Research and Practice. 2018.

82 JL Leasure, M Jones. Forced and voluntary exercise differentially affect brain and behavior. Neuroscience. 2008.

83 LJ Seltzer, AR Prososki, TE Ziegler, SD Pollaka. Instant messages vs. speech: hormones and why we still need to hear each other. Evol Hum Behav. 2012.

84 C Kirschbaum, KM Pirke, DH Hellhammer. The 'Trier Social Stress Test' a tool for investigating psychobiological stress responses in a laboratory setting. Neuropsychobiology 1993.

85 D Lewis. Galaxy Stress Research. Mindlab InternationalSussex University UK. 2009.

86 I Gordon, O Zagoory-Sharon, JF Leckman, R Feldman. Oxytocin and the development of parenting in humans. Biological psychiatry, 2010.

87 J González, A Barros-Loscertales, F Pulvermüller. Reading cinnamon activates olfactory brain regions. Neuroimage, 2006.

88 A Martin, JV Haxby, FM Lalonde, CL Wiggs, LG Ungerleider. Discrete cortical regions associated with knowledge of color and knowledge of action. science. 1995.

89 O Hauk, I Johnsrude, F Pulvermüller. Somatotopic representation of action words in human motor and premotor cortex. Neuron. 2004.

90 EG Clary, A Tesser. Reactions to unexpected events: The naive scientist and interpretive activity. Personality and Social Psychology Bulletin. 1983.

91 MK Smith, WB Wood, WK Adams, C Wieman, JK Knight, N Guild, TT Su. Why peer discussion improves student performance on in-class concept questions. science. 2009.

92 DP McCabe, AD Castel. Seeing is believing: The effect of brain images on judgments of scientific reasoning. Cognition. 2008.

93 V Sluming, J Brooks, M Howard, JJ Downes, N Roberts. Broca's area supports enhanced visuospatial cognition in orchestral musicians. Journal of Neuroscience. 2007.

94 HJ Kell, D Lubinski, CP Benbow, JH Steiger. Creativity and technical innovation: Spatial ability's unique role. Psychological Science. 2013.

95 FH Rauscher, GL Shaw, CN Ky. Music and spatial task performance. Nature.

1993.

96 MR Tarampi, N Heydari, M Hegarty. A tale of two types of perspective taking: Sex differences in spatial ability. Psychological science. 2016.

97 CM Mueller, CS Dweck. Praise for intelligence can undermine children's motivation and performance. Journal of Personality and Social Psychology. 1998.

98 JM Twenge, RF Baumeister, DM Tice, TS Stucke. If you can't join them, beat them: effects of social exclusion on aggressive behavior. Journal of Personality and Social Psychology. 2001.

99 RF Baumeister, JM Twenge, CK Nuss. Effects of Social Exclusion on Cognitive Processes: Anticipated Aloneness Reduces Intelligent Thought. Journal of Personality and Social Psychology. 2002.

100 DD Wagner, TF Heatherton. Self-regulatory depletion increases emotional reactivity in the amygdala. Social Cognitive and Affective Neuroscience. 2013.

101 S Danziger, J Levav, L Avnaim-Pesso. Extraneous factors in judicial decisions. PNAS. 2011.

102 R Rosenthal, L Jacobson. Pygmalion in the classroom: Teacher expectation and pupils intellectual development. New York: Holt, Rinehart & Winston. 1968.

103 IR Bock, A Maewal, DA Gough. Hitting is contagious in baseball: evidence from long hitting streaks. PLOS One. 2012.

104 SG Barsade. The ripple effect: Emotional contagion and its influence on group behavior. Administrative science quarterly. 2002.

105 CS Dweck. The role of expectations and attributions in the alleviation of learned helplessness. Journal of personality and social psychology. 1975.

106 DS Yeager, V Purdie-Vaughns, J Garcia, N Apfel,P Brzustoski, A Master, WT Hessert, ME Williams, GL Cohen. Breaking the cycle of mistrust: Wise interventions to provide critical feedback across the racial divide. Journal of Experimental Psychology. 2014.

107 RL Dukes, H Albanesi. Seeing red: Quality of an essay, color of the grading pen, and student reactions to the grading process. The Social Science Journal. 2013.

108 AW Kruglanski, T Freund. The freezing and unfreezing of lay—inferences: Effects on impressional primacy, ethnic stereotyping, and numerical

anchoring. Journal of experimental social psychology. 1983.

109 P Briñol, RE Petty, B Wagner. Body posture effects on self-evaluation: A self-validation approach. European Journal of Social Psychology. 2009.

110 F Strack, L Martin, S Stepper. Inhibiting and facilitating conditions of the human smile: A nonobtrusive test of the facial feedback hypothesis. Journal of Personality and Social Psychology. 1988.

111 JH Riskind, CC Gotay. Physical posture: could it have regulatory or feedback effects on motivation and emotion? Motivation and Emotion. 1982.

112 J Fischer, P Fischer, B Englich, N Aydin, D Frey. Empower my decisions: The effects of power gestures on confirmatory information processing. Journal of Experimental Social Psychology. 2011.

113 DI Tamir, JP Mitchell. Disclosing information about the self is intrinsically rewarding. PNAS. 2012.

114 M Naaman, J Boase, CH Lai. Is it really about me? Message content in social awareness streams. CSCW. 2010.

115 KL Phan, DA Fitzgerald, PJ Nathan, ME Tancer. Association between amygdala hyperactivity to harsh faces and severity of social anxiety in generalized social phobia. Biological psychiatry. 2006.

116 EA Maguire, K Woollett, HJ Spiers. London taxi drivers and bus drivers: a structural MRI and neuropsychological analysis. Hippocampus. 2006.

117 KA Wesnes, C Pincock, D Richardson, G Helm, S Hails. Breakfast reduces declines in attention and memory over the morning in schoolchildren. Appetite. 2003.

118 A Dijksterhuis, A Van Knippenberg. The relation between perception and behavior, or how to win a game of trivial pursuit. Journal of Personality and Social Psychology. 1998.

119 G Ramirez, SL Beilock. Writing about testing worries boosts exam performance in the classroom. science. 2011.

120 H Walach, C Rilling, U Engelke. Efficacy of Bach-flower remedies in test anxiety: a double-blind, placebo-controlled, randomized trial with partial crossover. Journal of anxiety disorders. 2001.

121 S Iyengar, MD Peters, DR Kinder. Experimental demonstrations of the "not-so-minimal" consequences of television news programs. American political science review. 1982.